基礎と実践
制御工学入門

工学博士　横山 修一
博士(工学)　濱根 洋人　共著
博士(工学)　小野垣 仁

コロナ社

まえがき

　自（動）と付く言葉を挙げてみると，自転車，自動扉，自動車など，身近に存在している例が多い．例えば，自転車はペダルをこいで車輪を回し，進行方向の状況からハンドルを操作したり，ブレーキをかけて速度を調整する等，観察すると自転車がいかにして走行しているかがよく理解できるであろう．自転車は，すべて人間が運転して初めてでこぼこ道でも走行できるようになる機械である．自転車を運転している人が見えないように（ブラックボックス）して走っている状態を想像してみると，制御の本質が見えてくる．

　つぎに，機械仕掛けでない例として電気ポット（以下，ポットと記述）の保温を考えてみよう．ポットの水が沸騰後，湯の保温温度（95°C等）をどのようにして一定にできるのであろうか．一定にするための仕掛けを制御装置と呼んでいる．このように単純に見える仕掛け（制御装置）であるが，機械のように中身が見えるものがないので，理解するために必要な原理や現象の記述が重要になる．記述された制御対象の性質および特性から制御装置を選択することが必要になる．本書は，温度制御等の実例を多用し，統一的に基礎理論を記述したので，理解しやすいものと考えている．

　現状の社会基盤を支えている技術は，見えないところで働いている制御技術である．制御理論は，機械，電気，化学，建築等と同様に体系付けられた横断的な学問体系であり，各学科系列の方々にとって必須の理論となっている．したがって，どの学問分野にも通用するように記述してあり，卒業後どんな専門分野に進んでも本書が役立つと確信している．

　独習者向けに本書を読む前の心構えを記そう．

- 計測と制御は切り離すことはできない．
- 高品質と高精度は密接につながっている．

まえがき

- 古典制御理論，伝達関数，微分方程式，信号，1入力1出力等のキーワードを理解しよう。
- 物理現象は微分方程式で記述できる。設計段階から制御対象が微分方程式で記述されている場合，システム同定理論は利用しない。
- 制御対象が既存の装置として与えられ，物理的な定数が未知である場合，伝達関数からモデルを算出するシステム同定が必要である。

本書は物理現象を微分方程式で記述し，時間領域の特性（過渡特性）や周波数領域の特性（周波数特性）を解析する方法と，ボード線図の周波数特性から伝達関数を求め，現象を微分方程式化する方法を記述した。また，理論と実際との関係を現場の要求を取り入れたことにより，学生が理論だけを理解するのではなく，現場でのやり方も理解できるようにした。また本書は，初めて学ぶ人にとっても学びやすいように基礎から実践まで幅広く記述されている。

このような経緯で，大学学部3年生，4年生の学生用の教科書として執筆した。また，多くの実例を例題にしたため，現場における制御技術者が独習するための参考書としても適していると考えている。

2009年9月

執筆者一同

目　　　　次

1. 制御と歴史

1.1 制御とは …………………………………………………………… *1*
1.2 自動制御の発達 …………………………………………………… *2*
1.3 制御系設計の位置づけと流れ …………………………………… *5*
1.4 制御の分類 ………………………………………………………… *6*
　1.4.1 手動制御 ……………………………………………………… *7*
　1.4.2 フィードバック制御 ………………………………………… *8*
　1.4.3 フィードフォワード制御 …………………………………… *9*
　1.4.4 シーケンス制御 ……………………………………………… *10*
章末問題 ………………………………………………………………… *10*

2. ラプラス変換

2.1 線形微分方程式 …………………………………………………… *11*
2.2 ラプラス変換の基礎 ……………………………………………… *14*
　2.2.1 ベクトルの複素数表示 ……………………………………… *14*
　2.2.2 ベクトルの回転と極座標表示 ……………………………… *15*
2.3 ラプラス変換の定理 ……………………………………………… *17*
　2.3.1 単位インパルス関数と単位ステップ関数 ………………… *17*
　2.3.2 フーリエ変換 ………………………………………………… *18*
　2.3.3 ラプラス変換 ………………………………………………… *21*

2.3.4　ラプラス逆変換……………………………………………… 24
　　2.3.5　畳込み積分と応答……………………………………………… 27
　　2.3.6　周波数応答とフーリエ変換…………………………………… 31
　章末問題…………………………………………………………………… 32

3. システムと伝達関数

3.1　システムの表現…………………………………………………… 33
　　3.1.1　動的システム………………………………………………… 33
　　3.1.2　時不変システム……………………………………………… 34
　　3.1.3　線形システム………………………………………………… 34
　　3.1.4　線形モデルの作成…………………………………………… 35
3.2　伝　達　関　数…………………………………………………… 37
　　3.2.1　微分方程式による制御対象の動特性の表現……………… 37
　　3.2.2　伝達関数による制御対象の動特性の表現………………… 38
　　3.2.3　基本的な伝達関数…………………………………………… 39
　　3.2.4　高次系の伝達関数…………………………………………… 43
3.3　動的システムのアナロジ………………………………………… 44
　　3.3.1　電気系と機械系のアナロジ………………………………… 44
　　3.3.2　電気系とプロセス系のアナロジ…………………………… 46
　　3.3.3　電気回路の双対性…………………………………………… 47
　章末問題…………………………………………………………………… 49

4. ブロック線図

4.1　ブロック線図の構成要素と表現方法…………………………… 50
　　4.1.1　伝　達　要　素……………………………………………… 50

4.1.2	加え合わせ点	50
4.1.3	引き出し点	51
4.1.4	信号線	51

4.2 ブロック線図の等価変換 ……………………………………… 51
4.3 フィードバック制御系のブロック線図 ………………………… 53
    4.3.1 フィードバック制御系の基本形 …………………………… 53
    4.3.2 閉ループと開ループの伝達関数 …………………………… 55
    4.3.3 比例・微分・積分のブロック線図 ………………………… 55
4.4 フィードバック制御系の外乱と特性方程式 …………………… 56
    4.4.1 フィードバック制御系の出力側外乱 ……………………… 56
    4.4.2 フィードバック制御系の特性方程式 ……………………… 58
4.5 実際のシステムの例 …………………………………………… 59
    4.5.1 直進運動を行う機械系 ……………………………………… 59
    4.5.2 RC 回路 ……………………………………………………… 60
    4.5.3 モータ制御 ………………………………………………… 62
    4.5.4 温度 ………………………………………………………… 63
    4.5.5 液体タンク ………………………………………………… 64
章末問題 ……………………………………………………………… 65

5. システムの時間応答

5.1 過渡応答とは …………………………………………………… 68
    5.1.1 過渡応答のための入力信号 ………………………………… 69
    5.1.2 基本要素（比例・積分・微分）の応答 …………………… 73
5.2 1 次遅れ系の過渡特性と定常特性 ……………………………… 75
    5.2.1 1 次遅れ系の応答 …………………………………………… 76
    5.2.2 時定数とゲイン …………………………………………… 78

5.3　2次遅れ系の過渡特性と定常特性 ………………………………… *82*
　　5.3.1　2次遅れ系の応答 ………………………………………… *82*
　　5.3.2　過渡応答の特性評価 ……………………………………… *86*
5.4　高次系の過渡応答 …………………………………………………… *91*
　　5.4.1　むだ時間要素 ……………………………………………… *91*
　　5.4.2　高　次　系 ………………………………………………… *93*
章　末　問　題 ……………………………………………………………… *95*

6.　システムの周波数応答

6.1　周波数応答とは ……………………………………………………… *96*
　　6.1.1　周波数応答の基本特性 …………………………………… *96*
6.2　周波数特性の図式表示 ……………………………………………… *102*
　　6.2.1　ベクトル軌跡 ……………………………………………… *102*
　　6.2.2　ボード線図 ………………………………………………… *103*
　　6.2.3　遅れと進み ………………………………………………… *113*
　　6.2.4　ボード線図の見方 ………………………………………… *114*
章　末　問　題 ……………………………………………………………… *115*

7.　システムの安定判別

7.1　安定と不安定の概念 ………………………………………………… *116*
　　7.1.1　安定性について …………………………………………… *116*
　　7.1.2　特性方程式 ………………………………………………… *117*
　　7.1.3　安定・安定限界・不安定のステップ応答 ……………… *119*
　　7.1.4　特性根の位置とステップ応答の関係 …………………… *119*
7.2　特性方程式の係数での安定判別法 ………………………………… *120*

  7.2.1　ラウスの方法 ……………………………………………… *121*
  7.2.2　フルビッツの方法 …………………………………………… *123*
 7.3　図的解法での安定判別法 ……………………………………………… *128*
  7.3.1　ナイキスト線図による安定判別 …………………………… *128*
  7.3.2　ボード線図による安定判別 ………………………………… *131*
 7.4　極・零点消去 …………………………………………………………… *132*
 章　末　問　題 ……………………………………………………………… *133*

8. フィードバック制御系の設計

 8.1　フィードバック制御系の設計手順 …………………………………… *135*
 8.2　フィードバック制御系の構成 ………………………………………… *135*
  8.2.1　温度制御の実例 ……………………………………………… *135*
  8.2.2　ブロック線図による表現 …………………………………… *140*
  8.2.3　フィードバック制御器の接続方式 ………………………… *142*
  8.2.4　フィードバック制御器の基本要素 ………………………… *142*
  8.2.5　フィードバックループ特性（感度と相補感度） ………… *143*
 8.3　閉ループ定常特性 ……………………………………………………… *145*
  8.3.1　内部モデル原理 ……………………………………………… *145*
  8.3.2　負荷外乱抑制 ………………………………………………… *149*
  8.3.3　偏差の積分量 ………………………………………………… *150*
 8.4　閉ループ過渡特性 ……………………………………………………… *151*
  8.4.1　閉ループ特性（周波数応答と時間応答の関係） ………… *151*
  8.4.2　開ループ特性（開ループからの閉ループ応答の推定） … *155*
  8.4.3　ロ バ ス ト 性 ………………………………………………… *159*
 8.5　PID 制御の基本構成 …………………………………………………… *161*
  8.5.1　比　例　動　作 ……………………………………………… *161*

8.5.2　積　分　動　作 ··· *162*
　　8.5.3　微　分　動　作 ··· *164*
　　8.5.4　PID 制御の基本形 ·· *166*
8.6　PID 制御の実装 ·· *166*
　　8.6.1　微 分 キ ッ ク ··· *166*
　　8.6.2　不 完 全 微 分 ··· *167*
　　8.6.3　目 標 値 重 み ··· *168*
　　8.6.4　比例動作・積分動作・微分動作の実装 ································· *168*
　　8.6.5　比　　例　　帯 ··· *171*
　　8.6.6　外　乱　抑　制 ··· *173*
　　8.6.7　アンチワインドアップ ·· *174*
8.7　PID パラメータのチューニング ··· *177*
　　8.7.1　ステップ応答法 ··· *178*
　　8.7.2　限 界 感 度 法 ··· *180*
　　8.7.3　極 配 置 法 ··· *183*
8.8　位相進み補償と位相遅れ補償 ·· *185*
　　8.8.1　位相進み補償 ·· *185*
　　8.8.2　位相遅れ補償 ·· *190*
8.9　ス ミ ス 補 償 ·· *195*
章　末　問　題 ··· *197*

引用・参考文献 ··· *198*
章末問題解答 ··· *200*
索　　　　引 ··· *213*

1 制御と歴史

1.1 制御とは

　人類が動物力や自然現象による水力等を利用して動力を得てきたことはよく知られている．人類と動物が決定的に相違する点は，火の利用である．しかし，火はそのままでは動力には変換できない．長い歴史の中で火を間接的に動力（蒸気力）として変換し，利用したのはそれほど古い話ではない．

　技術史によれば，1700 年代の初め頃，石炭の採掘現場から水をくみ上げるポンプの動力源に馬が利用されていた．しかし，その後，採算が合わなくなり，馬の代替として蒸気力を利用する大気圧機関がニューコメン (Newcomen) により考え出されたといわれる．この蒸気機関は効率が悪かったため，1776 年にワット (Watt) が高効率（ニューコメンの 4 倍）の蒸気機関に改良した．しかし，このワットの蒸気機関は負荷の変動に対し回転数が一定にならないため，当時の使用者である紡績企業から工夫が求められていた．

　1788 年，ワットは回転数が下がると蒸気量を増やす方向にバタフライ弁が開き，回転数が上がると蒸気量を減らす方向にバタフライ弁を閉じるように作用する遠心力を利用した調速機，すなわち**ガバナ** (flyball governor) を考案した．図 1.1 にガバナを用いた蒸気機関の自動制御を示す．このガバナのおかげで動力源の回転数を一定にすることができ，紡績製品の品質の均一性と向上を図ることができた．

　以上のように，制御とは，ある目標に対し，つねにその目標値を一定値に保っ

2   1. 制御と歴史

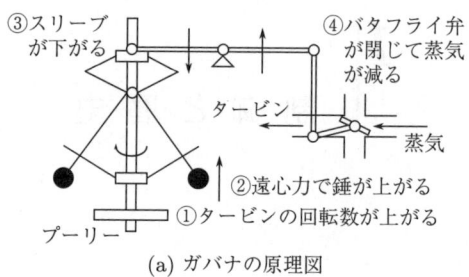

(a) ガバナの原理図

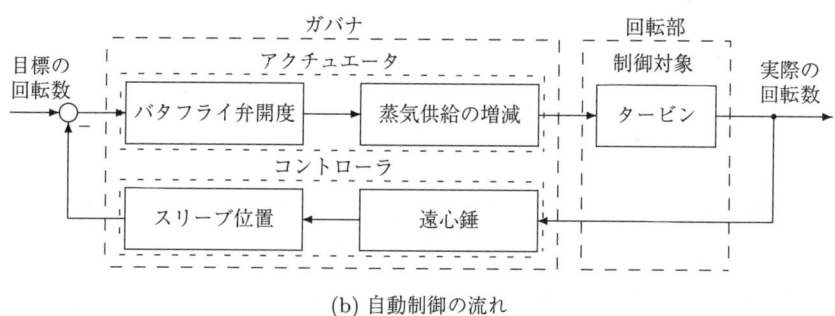

(b) 自動制御の流れ

図 1.1 ガバナを用いた蒸気機関の自動制御

たり，ある変化に追従させる仕組み（装置）のことである。1788 年にワットが発明した蒸気機関のガバナは制御（フィードバック制御）の原点である。

1.2 自動制御の発達

蒸気機関の発明後，1800 年代に入るとより高出力で高速回転する高圧の蒸気機関が登場し，制御系の不安定現象等の問題が浮き彫りになった。しかし，制御に関連した統一理論が欠けていたため，1850 年代の後半まで安定性の理論を待たなければならなかった。1862 年にマクスウェル (Maxwell) のガバナの理論，1877 年にラウス (Routh) の安定理論，1895 年にフルビッツ (Hurwitz) の安定理論等の制御理論が提案され，制御理論が確立されていった。

ワットが発明したガバナは**比例制御** (P control) と呼ばれる**フィードバック制御** (feedback control) 方式であった。1922 年にマイノースキー (Minorsky)

が比例，積分，微分という三つの制御要素を併せ持つ**PID 制御** (PID control) を着想した．1936 年にはカレンダー (Callender) らの論文に PID 調節器の原型が登場し，世の中に PID 制御器が普及し始めた．さらに，1942 年にはジーグラ (Ziegler) とニコルス (Nichols) が PID 制御の調整法を提案し，PID 制御が本格的に普及していった．

この 1900 年代は蒸気機関車に代わって電気機関車が登場し，制御装置も機械式から電気式に変化，高速に追従できる制御装置が誕生した．それとともに機械制御から電気制御に対応する**制御理論** (control theory) が提案された．1930 年にボーデ (Bode) が理論構築した電子回路理論を用いた負帰還増幅器は，その代表的なものである．制御理論における不安定現象を利用した電子回路が発信器であり，1932 年にナイキスト (Nyquist) が**安定理論** (stability theory) を構築した．その後，フィードバック制御理論は，周波数応答と呼ばれる追従性を追及する研究が盛んになった．また，1952 年に制御対象と制御装置を組み込み，全体として制御設計をする解析方法，すなわち，エバンス (Evans) による根軌跡法が確立した．しかしながら，ミサイル等の制御はこれまでの制御技術では対応できなくなり，より高度な制御理論が求められた．

1948 年にウィーナー (Wiener) が動物と機械における制御と通信の問題を統一的に扱うサイバネティクス (cybernetics) を提唱し，制御工学のみならず，人工知能，学習理論，医学，生理学，心理学等に影響を与えた．1956 年にポントリヤーギン (Pontryagin) による最大原理が提唱され，1958 年頃から最適制御，適応制御の研究が盛んとなり，これまでの理論が古典制御といわれるようになっていった．工学技術はとどまることなく進歩し，これらの技術を利用した制御装置が適用されるようになった．

一方，コンピュータ（電子計算機）の進歩は著しく，1971 年に MPU（マイクロプロセッシングユニット）[†]が開発され，現在も発展し続けている．制御系においては，制御用に特化したコンピュータである**マイクロコントローラ**

[†] LSI（大規模集積回路）で製作された CPU（セントラルプロセッシングユニット，中央処理装置）や GPU（グラフィックスプロセッシングユニット）等がある．

1. 制御と歴史

(microcontroller)†または略してマイコンが開発され,組込みシステムとしてさまざまな機械,装置に不可欠なものとなっている。マイコンは,パソコン等の汎用コンピュータよりも格段に多い出荷台数となっており,われわれの生活に欠かせない存在である。

1980年代以降,制御設計理論はさらに発展し,現代数学を駆使した制御系設計理論が出現した。適応制御,学習制御,ロバスト制御,ハイブリッド制御等はその代表的な研究であり,こんにちにおいても盛んに研究が行われている。ま

表 1.1 自動制御の発展史

西暦	制御の歴史	おもな技術の歴史
1788	ワットが蒸気機関の回転数制御で調速機を発明	
1862	マクスウェルが調速機の理論を提案	
1875		ベルが電話機を発明
1877	ラウスが安定理論を提案	
1885		ガソリンエンジン自動車が誕生
1895	フルビッツが安定理論を提案	
1903		ライト兄弟が動力飛行を行う
1922	マイノースキーが PID 制御を着想	
1925		日本でラジオ放送開始
1932	ナイキストが安定理論を提案	
1936	カレンダーらが PID 調節器の原型を発明	
1942	ジーグラ・ニコルスが PID 調整則を提案	
1946		世界初のコンピュータ ENIAC が誕生
1952	ウィーナーがサイバネティクスを提唱	
1952	エンバスが根軌跡法を提案	
1953		日本でテレビの本格放映開始
1956	ポントリヤーギンが最大原理を提案	
1960	カルマンがカルマンフィルタを提案	
1963	ホロビッツが2自由度制御系の概念を提案	
1964		東海道新幹線が開業
1969		アポロ 11 号が有人月面着陸
1975	マイコン分散型制御器が誕生	
1980	ロバスト制御,$\mathcal{H}_\infty$ 制御等が提案	
1981		スペースシャトルコロンビア初飛行
現在	産業界では 90% 以上が PID 制御を利用	

† MPU,メモリおよび入出力等が LSI でチップ化されたもの。

た，制御系をモデル化するために必要なシステム同定理論とコンピュータを利用したシミュレーション技術により高精度な制御が実現できるようになった。

機械精度もミリメートルからナノメートルが要求されるようになり，すでに実現されつつある。表 **1.1** に自動制御の発展史を示す。

1.3　制御系設計の位置づけと流れ

制御系の設計とは，制御対象の特性改善を目的として制御装置を組み入れることである。そのためには，与えられた制御対象の特性を知ることから始まる。具体的には制御対象の時間領域の特性（過渡特性）と周波数領域の特性（ゲイン，位相線図）をよく理解することが重要である。これらの特性から，与えられた改善要求に対し，制御装置（コントローラ）をいかにして設計するかが技術者に求められる。

本書では，最初に制御対象の特性を理解することから始める。フィードバックシステムの性能評価の方法は，時間領域（過渡特性），周波数領域（定常特性），安定性などの評価方法がある。定常特性は周波数応答から，また過渡応答はステップ応答の実験結果から評価できる。安定性は伝達関数から評価する方法が確立されている。

つぎに，特性改善については，制御装置の特性（比例 (P)，積分 (I)，微分 (D)，位相遅れおよび位相進み補償）を理解する必要がある。コントローラにはさまざまな方式があるが，本書では図 **1.2** に示すフィードバック制御系を基本に制御系の特性改善に関する設計方法について述べる。最後に，制御装置を組み入れた閉回路の特性と開回路の特性評価方法の違いを明確にする。

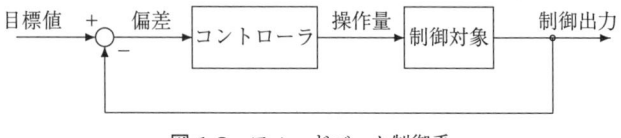

図 **1.2**　フィードバック制御系

1.4 制御の分類

　工業製品は品質を一定にする必要があり，その製造プロセスには各種の自動制御が利用されている．また，身近な家庭電化製品である冷蔵庫，エアコン，湯沸かし器（ポット）等にも自動制御が利用されている．

　例えば，ルームエアコンで室温が自動制御されている状態を考えてみよう．部屋の温度が35度ととても暑いので，エアコンの冷房を28度に設定した．すると，エアコンは検出器の温度が28度になるまで冷やし続ける．その後，28度になるとエアコンは徐々に冷房能力を弱め，28度以下にならないように自動運転する．途中，ドアの開け閉め（外乱という）による室温の変化が検出されると，エアコンは冷房能力を強めに動作し，可能な限り部屋の温度を28度一定に保つよう動作する機能を有している．これは，外部状態の変化量に従って内部状態を強めたり，弱めたりの動作を実行し，28度という設定値に追従させている．このような一連の動作はフィードバック制御といわれている制御方法である．

　一方，自販機等のようにお金を投入し，目的の品物のスイッチを押すとその商品が出てくる仕掛けもある．また，洗濯機のように洗濯物を投入し，洗濯ボタンを押すと人手を介することなく，すすぎ，脱水，そして乾燥までを行う機械もある．この一連の流れは，洗濯物が変わっても同じ手順で行われる．つまり，これらは一定の順序に従って正確に実行する装置であり，身近に多く存在する．このような制御方法は，**シーケンス制御** (sequence control) といわれている．シーケンス制御（順序制御）は，フィードバック制御のように途中で状態が変わっても，状態を変化させ追従させる機能は持っていない．1回のスイッチを入れることにより，順序に従い，最後まで実行する制御である．

　他方，制御対象の物理的な現象が理論的に記述されており，入力量を決定すると出力量が必然的に決定できる制御対象では，出力量を一定にするために入力量を可変にする必要はない．つまり，入力量と出力量を比較して出力量を一

定にするフィードバック制御を用いなくてもよい。このような制御を**フィードフォワード制御** (feed-forward control)（前向き制御，開ループ制御）と呼ぶ。この制御には大きな欠点がある。外部からの余分な影響（外乱）が入ると，その影響がただちに出力に影響するためである。したがって，外乱の影響を最小限にする検出装置を取り付け，入力を制御する装置が必要である。フィードフォワード制御は制御装置を簡単にできるメリットがあるが，手を加えて改良しようとすると，装置全体を手直しする必要があり，面倒なことになる場合がある。

1.4.1 手動制御

図 **1.3** は陶磁器を製作する登り窯の様子を示したものである。燃料は薪であり，温度はのぞき窓の色で陶芸家が判断する。陶芸家は，経験に基づいて燃料の薪を連続的に窯に投入し，窓の色を見ながら薪の投入を調整し，自身の作品を焼き上げる。制御の言葉で表現すると，入力は燃料の薪であり，出力は色である。この出力の色を一定にするために，手動で調整（制御）していることになる。芸術作品は**手動制御** (manual control) であり，見事な作品が生まれる所以でもあろう。

もう一つの例は，図 **1.4** に示したカマドを利用したご飯炊きである。つぎの文面は美味しい御飯を炊くための経験に基づく手動制御の制御則である。

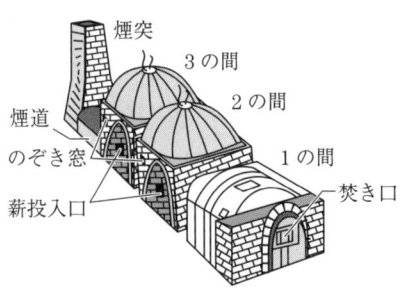

図 **1.3**　手動制御系—登り窯の温度制御

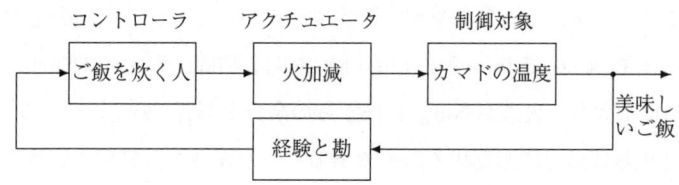

図 1.4 カマドを利用したご飯炊きの例

> ハジメ，チョロチョロ，ナカ，パッパ
> ブツブツ，言ウコロ，火ヲ，引イテ
> 赤子，泣クトモ，フタトルナ

薪で火加減（入力の温度調整）をどのようにすべきかは，各家庭の経験に基づいている。

現在では，ほとんどの家庭では自動炊飯器を使用しており，保温（定温制御）までもできるようになった。手動制御とは，人（オペレータ）の感覚器官（視覚系等）を利用し，入力量を調整して目標値を一定にする制御のことである。

1.4.2 フィードバック制御

図 1.3 の登り窯の温度制御を自動化すると**図 1.5** のブロック線図となる。図 1.5 の出力の温度を計測するために熱電対を利用する。入力量は希望設定温度となる。また，燃料の調整は入力量と出力量の偏差を利用している。人間が目で見て温度計測し，燃料を調整する役割をしているが，自動化した場合は偏差を利用して燃料の調整を行っている。

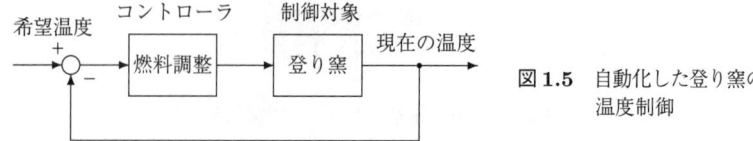

図 1.5 自動化した登り窯の温度制御

1.4.3 フィードフォワード制御

図 1.6 に水の温度制御をボイラーを利用して説明する。出力の水の流量と温度が一定であれば，それに見合った燃料の入力量を決定できる。燃料の流量調節だけで，水温は一定に保つことができる。

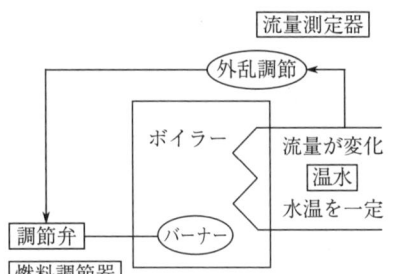

図 1.6 ボイラーにおける水の温度制御

しかし，使用する流量が多くなった場合，出力の水温が低下するので，この流量の増加分に必要な熱量を入力で補う必要がある。出力の流量の増加を検出したと同時に入力の燃料の流量調整をすると，フィードバック制御に比較して温度の変化を検出してからの時間遅れがないので迅速に対応できる。物理的（燃料の流量調整，水温，水量）なモデルの関係が明確に規定されている場合では，流量の変化を外乱と捉え，温度を検出することなく燃料の流量を調整できることになる。コントローラの設計が簡単になるメリットがある。

一般的なフィードフォワード制御をブロック線図で表すと図 1.7 のように表すことができる。

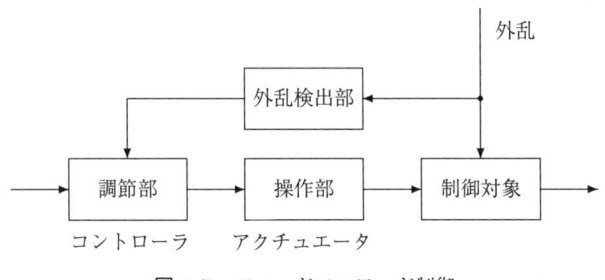

図 1.7 フィードフォワード制御

1.4.4 シーケンス制御

定義によればシーケンス制御とは,「あらかじめ定められた順序に従って制御の各段階を進めていく制御」となっている。

図 1.8 は自動販売機の例である。自動販売機の種類は多様であるが,一連の動作は同じと考えてよい。定められた動作手順に従い,正確に一方向性で動作を行う。買い手がお金を投入し自動販売機は,お金の真偽や種類の判別を行い,買い手が選択した商品を受け皿に出し,投入金額に応じて釣銭を出す。この流れは,一般的にコントローラ用のプログラムによって定められた時間と手順で動作が決められている。各段階の手順は,基本的に二つの状態 ON(ある),OFF(なし)の判別であり,これ以外の状態を判別する条件を含んでいない。このようなシーケンス制御に利用される装置として,シーケンサやプログラマブルコントローラ(PLC)がある。

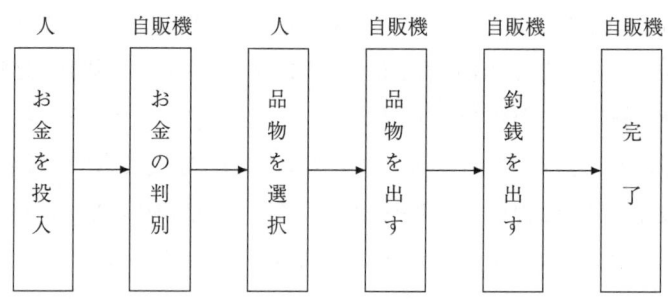

図 1.8　自動販売機の例

章 末 問 題

【1】 なぜ,人間は夏になると薄着をし,冬になると厚着をするのか,その理由を簡単に説明せよ。
【2】 エレベータのシーケンス制御の概要を説明せよ。
【3】 券売機の切符が出てくるまでの流れの概要を説明せよ。
【4】 夕方になると街灯が点灯する技術的な理由を説明せよ。
【5】 自動ドアの制御の概要を説明せよ。

2 ラプラス変換

 制御理論になぜラプラス変換が必要なのか。
 これから扱う制御対象は物理法則によって支配されているものであり,数学的に表現すると微分方程式で表される。また,制御対象を数学的に記述し,解析するにはさまざまな方法がある。制御対象の特性を解析する数学的な表現方法として伝達関数がある。伝達関数の定義等については3章で詳細に記述するが,制御理論を構築するうえで伝達関数の数学的扱いは大変重要である。伝達関数の数学的表現法としてラプラス変換が用いられている。数学的なオペレータ(演算子)としてのラプラス変換は,制御対象の過渡現象(時間領域),定常状態(周波数領域)から制御系全体の解析および設計に至るまで幅広く利用されている。ラプラス変換および逆変換の有用性を理解するために定義を与え,公式を導き,微分方程式への応用と公式の利用法について説明する。

2.1 線形微分方程式

 制御対象の動的な表現方法として微分方程式がある。図 **2.1** の電気ポットを制御対象として考えてみる。電気ポットの温度上昇を下記の条件に従って微分方程式を作成する。
 <条 件>
 (1) 電熱器の単位時間当りの熱量を $x(t)$ (入力変数,原因)とする。
 (2) 液体の体積を M,比熱を C,$MC = a$ (熱容量)とする。
 (3) 放熱面積を S,放熱係数を H,$HS = b$ (放熱熱量)とする。

2. ラプラス変換

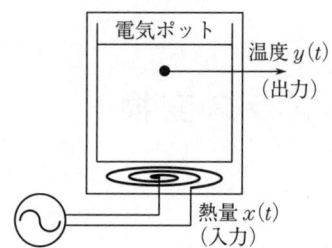

図 2.1　電気ポット

電気ポットの温度上昇を $y(t)$ [°C]（出力変数，結果）とすると，1次の微分方程式

$$x(t) = a \cdot \frac{dy(t)}{dt} + by(t) \tag{2.1}$$

が成り立つ。

式 (2.1) において，入力 $x(t)$ と出力 $y(t)$ の関係が比例関係（線形条件）にあるとき，その系は**線形** (linear) であるといい，このような方程式を**線形微分方程式** (linear differential equation) という。電気回路でオームの法則が成立する回路は線形条件を満たしているので線形系である。

一般的に制御対象が線形条件を満たしている場合は少ない。例えば，機械系のすべり摩擦係数は線形ではない。しかし，動作範囲を限定すると線形としてみなすことができる。式 (2.1) では比熱は温度に関して一定と考えているが，実際には比熱は温度の高次の関数であり，線形ではない。

図 **2.2** は電気ポットを制御対象と考えたときの入力と出力の関係を図的に示したものである。

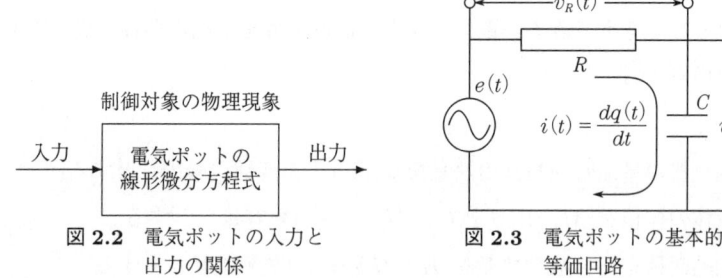

図 **2.2**　電気ポットの入力と出力の関係

図 **2.3**　電気ポットの基本的な等価回路

式 (2.1) と同じ式として表現できる電気回路の例を図 **2.3** に示す。図 2.3 から抵抗 R とコンデンサ C を直列に接続したときの電気回路の方程式は，入力を起電力 $e(t)$，出力を電荷 $q(t)$ とすると

$$e(t) = Ri(t) + \frac{1}{C}\int i(t)dt = R\frac{dq(t)}{dt} + \frac{1}{C}q(t) \tag{2.2}$$

$$i(t) = \frac{dq(t)}{dt} \tag{2.3}$$

$$q(t) = \int i(t)dt \tag{2.4}$$

となる。これらは電気ポットと同じ形式の線形微分方程式となっている。

3 章で述べるが，違った分野の物理現象であっても，じつは数学的に表現すると同じ形式の線形微分方程式として表現できる場合がある。このことは大変重要で，機械系の制御装置の設計を等価的に電気系で置き換えても，その設計が利用できることを示している。このように共通的に利用できる数学的方法が線形微分方程式である。

以上より，制御対象の現象を記述する手段は理解できたが，この微分方程式を数学的にどのように扱うかについては，図 **2.4** の関係を利用する。この関係を利用すると純粋数学からの解析とは趣が異なり，代数的な取り扱いで制御に必要な特性解析が行える。この解析に必要な数学的な方法がラプラス変換（演算子として利用）である。この方法は，ヘヴィサイド (Heaviside)[†] が 1800 年代後半，ヘヴィサイドの演算子を微分方程式に導入し，代数的に解く方法を考案したときから始まったものである。

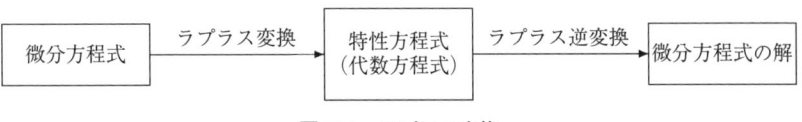

図 **2.4** ラプラス変換

[†] ヘヴィサイドは複素数 j を導入することを提案した電気技師でもある。

2.2 ラプラス変換の基礎

章の冒頭で，ラプラス変換は過渡状態（時間領域）と定常状態（周波数領域）の解析や設計ができると述べたが，特に制御での扱いでは周波数領域の特性解析が重要である。

周波数領域での解析では，入力信号に正弦波信号を加えることが必要になる。そこで三角関数の表現法と複素数との関係について述べる。

2.2.1 ベクトルの複素数表示

図 2.5 で示すように，ベクトル A に演算子 j を掛けると 90 度反時計方向に回転すると約束する。繰り返し 2 回掛け算すると基のベクトルとは反対方向になる。3 回掛け算すると 270 度反時計方向に回転する。4 回掛け算すると基のベクトルと同じ方向となる。この演算は

$$Aj^2 = -A \tag{2.5}$$

と書ける。式 (2.5) は

$$j^2 = -1 \tag{2.6}$$

となり

$$j = \sqrt{-1}, -\sqrt{-1} \tag{2.7}$$

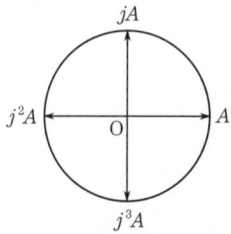
図 2.5 虚数 j について

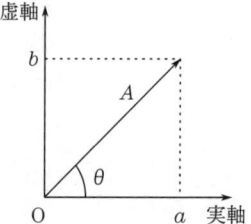
図 2.6 ベクトルの複素表示

と表現できる。この演算子 j は，数学的に表されている虚数である。この表記は数学的には革命的であった。この表記を利用するとベクトルの複素表示が簡単に表示できる。

図 **2.6** は任意のベクトル A を縦軸に虚数部，横軸を実数部に分解して表現したものである。ベクトル A は $A = a + jb$ で表される。ベクトル A の大きさと角度 θ はつぎのようになる。

ベクトル A の大きさは絶対値で表現され

$$|A| = \sqrt{a^2 + b^2} \tag{2.8}$$

となり，角度 θ は位相とも呼ばれ

$$\theta = \tan^{-1} \frac{b}{a} \tag{2.9}$$

となる。このような表現形式をとると，ベクトルを回転角度と大きさで表現でき，三角関数（正弦波関数等）で簡単に表示できるようになる。

2.2.2 ベクトルの回転と極座標表示

図 2.6 のベクトル A を実軸，虚数軸に絶対値 $|A|$ を使って分解すると

$$A = |A|\cos\theta + j|A|\sin\theta = |A|(\cos\theta + j\sin\theta) \tag{2.10}$$

と表せる。

$\cos\theta$, $\sin\theta$ はそれぞれつぎのようにテイラー展開できる。

$$\cos\theta = 1 - \frac{\theta^2}{2!} + \frac{\theta^4}{4!} - \frac{\theta^6}{6!} + \cdots \tag{2.11}$$

$$\sin\theta = \theta - \frac{\theta^3}{3!} + \frac{\theta^5}{5!} - \frac{\theta^7}{7!} + \cdots \tag{2.12}$$

ところで，e^θ をテイラー展開すると

$$e^\theta = 1 + \theta + \frac{\theta^2}{2!} + \frac{\theta^3}{3!} + \frac{\theta^4}{4!} + \frac{\theta^5}{5!} + \frac{\theta^6}{6!} + \frac{\theta^7}{7!} + \cdots \tag{2.13}$$

となる。

また，θ を複素変数 $j\theta$ として考えてみると，式 (2.13) は，式 (2.14) のようにテイラー展開することができる。

$$e^{j\theta} = 1 + j\theta - \frac{\theta^2}{2!} - j\frac{\theta^3}{3!} + \frac{\theta^4}{4!} + j\frac{\theta^5}{5!} - \frac{\theta^6}{6!} - j\frac{\theta^7}{7!} + \cdots$$
$$= \left(1 - \frac{\theta^2}{2!} + \frac{\theta^4}{4!} - \frac{\theta^6}{6!} + \cdots\right)$$
$$+ j\left(\theta - \frac{\theta^3}{3!} + \frac{\theta^5}{5!} - \frac{\theta^7}{7!} + \cdots\right) \tag{2.14}$$

式 (2.14) と (2.10) を比較すると，実数部は $\cos\theta$，虚数部は $\sin\theta$ と同一である。したがって，式 (2.15) のような重要な関係†が得られる。

$$e^{j\theta} = \cos\theta + j\sin\theta \tag{2.15}$$

つぎに，ベクトルが回転している場合の表現法について考える。**図 2.7** は図 2.6 と同じであるが，半径が絶対値 $|A|$ で表現されている。また，角度 θ は時間 t の関数で，任意の時刻 t における角度を表している。ここで，単位時間当りの**回転角速度** (angular velocity) ω は，単位時間当りの回転数（周波数）を f とすると

$$\omega = 2 \times \pi \times f \tag{2.16}$$

の関係が成り立つ。このとき，任意の時刻における回転角 θ は

$$\theta = \omega t \tag{2.17}$$

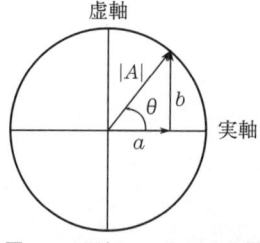

図 **2.7** 回転ベクトルの分解

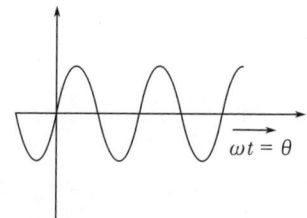

図 **2.8** 虚数成分の時間変化（正弦波）

---

† 指数関数を用いて極座標表示，オイラー表示ともいう。

2.3 ラプラス変換の定理

と表される。

図 2.7 より回転しているベクトル A を分解すると

$$A = |A|\cos\omega t + j|A|\sin\omega t$$
$$= |A|(\cos\omega t + j\sin\omega t) \tag{2.18}$$

となる。式 (2.18) に式 (2.15) の関係を利用すると

$$A = |A|e^{j\omega t} \tag{2.19}$$

と表すことができる。また，式 (2.18) の虚数成分は**図 2.8** に示す正弦波となる。

では，なぜ回転ベクトルの表示を複素数表示やオイラー表示，正弦波表示にするのであろうか。制御工学では入力の信号に正弦波を利用すると，出力にも正弦波が現れることが保証されていることから，実験するときに便利であると同時に相対的な比較（周波数の変化，波形の大きさ，位相）を同時に比較できることが挙げられる。また，オイラー表示は乗除算，微分や積分を行うときの便利さが挙げられる。これらのことは 2.3 節で理解できるであろう。

2.3 ラプラス変換の定理

制御工学を取り扱ううえで重要な数学的な表記方法がある。この表記法は大変便利であるが，なぜこのようなことができるのかとなると説明が必要である。

この節では，表記法で重要な役割をする関数および時間領域と周波数領域を同時に扱うことができる数学的方法とその関係を説明する。このような表記法が，制御工学の解析的な道具であると同時に制御装置の設計に必要不可欠なものであることが理解されるであろう。

2.3.1 単位インパルス関数と単位ステップ関数

機械系や電気系等における瞬時的に発生する現象（衝撃力，雷撃）は，インパルス的に表現される。このようなインパルスを数学的に時刻の微小区間以外

ではゼロ (0) として積分するとその面積が単位の 1 となる関数で**図 2.9** のように表現され，**単位インパルス関数** (unit impulse function) $\delta(t)$ と呼ばれる。$\delta(t)$ は

$$\int_{-\infty}^{\infty} \delta(t)dt = 1 \tag{2.20}$$

と表される。

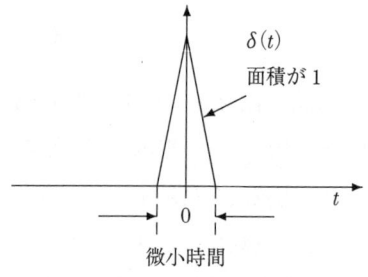

図 **2.9** 単位インパルス関数 $\delta(t)$

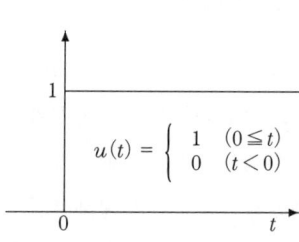

図 **2.10** 単位ステップ関数 $u(t)$

つぎに，任意の時間関数 $f(t)$ と $\delta(t)$ の積の積分は

$$\int_{-\infty}^{\infty} f(t)\delta(t)dt = f(0) \tag{2.21}$$

となる。式 (2.21) $f(t)$ の関数が単位 1 となる関数は，**図 2.10** のように表現され，**単位ステップ関数** (unit step function) $u(t)$ と呼ばれる。

2.3.2 フーリエ変換

つぎに，三角関数を利用した変換方法を構築する関係から三角関数の積分について解説する。三角関数の一周期の積分には

$$\int_{-\frac{T}{2}}^{\frac{T}{2}} \sin(xt)dt = 0, \quad \int_{-\frac{T}{2}}^{\frac{T}{2}} \cos(xt)dt = 0 \tag{2.22}$$

$$\int_{-\frac{T}{2}}^{\frac{T}{2}} \sin^2(xt)dt = \frac{T}{2}, \quad \int_{-\frac{T}{2}}^{\frac{T}{2}} \cos^2(xt)dt = \frac{T}{2} \tag{2.23}$$

という性質が存在する。

　三角関数をオイラー表示で展開したように，各種の波形を数学的に表現する方法が存在する。その方法とは，式 (2.24)〜(2.27) に示すように，周期 $T(\omega T = 2\pi)$ を導入したフーリエ級数 $f(t)$ による展開である。

$$f(t) = \frac{1}{2}a_0 + \sum_{n=1}^{\infty}(a_n \cos n\omega t + b_n \sin n\omega t) \tag{2.24}$$

$$\frac{a_0}{2} = \frac{1}{T}\int_{-\frac{T}{2}}^{\frac{T}{2}} f(t)dt \tag{2.25}$$

$$a_n = \frac{2}{T}\int_{-\frac{T}{2}}^{\frac{T}{2}} f(t)\cos n\omega t dt \tag{2.26}$$

$$b_n = \frac{2}{T}\int_{-\frac{T}{2}}^{\frac{T}{2}} f(t)\sin n\omega t dt \tag{2.27}$$

ここで三角関数をオイラー表示し，式 (2.22) と (2.23) を利用すると，$f(t)$ は

$$f(t) = \sum_{n=-\infty}^{\infty} C_n e^{jn\omega t} \tag{2.28}$$

と表示できる。ここで，係数 C_n と a_0, a_n, b_n の関係は

$$C_n = \begin{cases} \dfrac{a_n + jb_n}{2} & (n < 0) \\ \dfrac{a_n - jb_n}{2} & (n \geq 0) \end{cases} \tag{2.29}$$

であり，$b_0 = 0$ である。すると，C_n は

$$C_n = \frac{1}{T}\int_{-\frac{T}{2}}^{\frac{T}{2}} f(t)e^{-jn\omega t}dt \tag{2.30}$$

と表すことができる。

　式 (2.29) におけるフーリエ級数の係数 C_n は，周期 T を基にした振幅（離散化された大きさ）の表示であり，周期 T を $\infty (\omega = 0)$ まで拡張した（振幅，分布した大きさ）場合，数学的に工夫する必要がある。離散化されている振幅を加算すると，式 (2.28) の形式で求めることができる。しかし，分布している

場合は，角周波数 ω のキザミを無限小化し，かつ無限小化された角周波数に対する振幅を加算することになるので，このような手続きは積分して求めるものである．その結果，積分形式で表示すると

$$f(t) = \frac{1}{2\pi}\int_{-\infty}^{\infty}\left\{\int_{-\infty}^{\infty}f(t)e^{-j\omega t}dt\right\}e^{j\omega t}d\omega \qquad (2.31)$$

と表現でき，この式 (2.31) は**フーリエ積分** (Fourier integral) と呼ばれる．また，式 (2.31) の括弧でくくられている積分関数は**フーリエ変換** (Fourier transformation) と呼ばれ，$\mathcal{F}(j\omega)$ で表示すると

$$\mathcal{F}(j\omega) = \int_{-\infty}^{\infty}f(t)e^{-j\omega t}dt \quad (フーリエ変換) \qquad (2.32)$$

となる．フーリエ変換 $\mathcal{F}(j\omega)$ を使って元の関数 $f(t)$ を求めると

$$f(t) = \frac{1}{2\pi}\int_{-\infty}^{\infty}\mathcal{F}(j\omega)e^{j\omega t}d\omega \quad (フーリエ逆変換) \qquad (2.33)$$

となり，この式 (2.33) は**フーリエ逆変換** (Fourier transformation inversion) と呼ばれる．

　フーリエ級数展開は，元になる角周波数 ω（基本周波数の周期 T の逆数に比例）の整数倍 $n\omega(n=0\to\infty)$ で表示され，離散化されている成分を加算して関数 $f(t)$ を求めている．フーリエ級数展開は基本角周波数 ω を基に考えているのに対し，フーリエ変換は基本角周波数を限定することなくすべての角周波数 $\omega(0\to\infty)$ を含む理論に拡張したものである．フーリエ変換は，離散系における各周波数成分の振幅を分布系で求めているものに対応していると考えられる．

　時間領域の関数 $f(t)$ は，フーリエ変換 $\mathcal{F}(j\omega)$ により周波数領域で解析することができ，また，周波数領域の関数 $\mathcal{F}(j\omega)$ は，フーリエ逆変換により時間領域の関数 $f(t)$ に戻すことができる．図 **2.11** に示すように，制御系を解析する

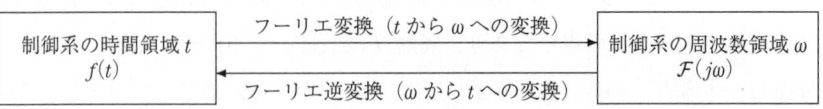

図 **2.11**　時間領域 t と周波数領域 ω の関係

ための大変有用な数学的な道具を手に入れたことになる。

2.3.3 ラプラス変換

時間領域の関数 $f(t)$ がすべて三角関数のような周期関数で表現されているならば問題が生じないが，ステップ関数のような時間関数 $(t = 0 \to \infty)$ の場合，フーリエ変換 $\mathcal{F}(j\omega)$ の積分は発散する。このようなことが起きるのでフーリエ変換の理論を拡張する必要がある。あらゆる関数に適応するため時間関数 $f(t)$ に図 **2.12** のように減衰する因子 $\gamma(t)$

$$\gamma(t) = e^{-\sigma t} \tag{2.34}$$

を導入する。

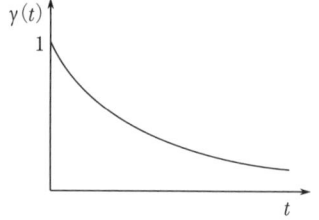

図 **2.12** 時間領域における減衰因子 $\gamma(t)$

式 (2.31) の $f(t)$ に $f(t)\gamma(t)$ を導入すると

$$f(t)\gamma(t) = \int_{-\infty}^{\infty} \left\{ \frac{1}{2\pi} \int_{-\infty}^{\infty} f(t)\gamma e^{-j\omega t} dt \right\} e^{j\omega t} d\omega \tag{2.35}$$

となり，さらに

$$f(t) = \int_{-\infty}^{\infty} \left\{ \frac{1}{2\pi} \int_{-\infty}^{\infty} f(t) e^{-(\sigma+j\omega)t} dt \right\} e^{(\sigma+j\omega)t} d\omega \tag{2.36}$$

と変形できる。ここで，式 (2.36) に複素関数 s

$$s = \sigma + j\omega, \quad d\omega = \frac{ds}{j} \tag{2.37}$$

を導入すると

$$f(t) = \frac{1}{2\pi j} \int_{\sigma-j\infty}^{\sigma+j\infty} \left\{ \int_{-\infty}^{\infty} f(t) e^{-st} dt \right\} e^{st} ds \tag{2.38}$$

と変形できる．

すると，式 (2.38) より複素関数 s の関数 $F(s)$ として

$$F(s) = \int_0^\infty f(t)e^{-st}dt \quad (\text{ラプラス変換}) \tag{2.39}$$

を定義することができる．ただし，時間関数 $f(t)$ は，負の領域の時間関数は存在しないので積分の下端は 0 となる．式 (2.39) の $F(s)$ は**ラプラス変換** (Laplace transformation) と呼ばれ，$\mathcal{L}$ という記号で表される．

また，$F(s)$ を利用すると，式 (2.38) は

$$f(t) = \frac{1}{2\pi j} \int_{\sigma-j\infty}^{\sigma+j\infty} F(s)e^{st}ds \quad (\text{ラプラス逆変換}) \tag{2.40}$$

と変換することができる．式 (2.40) の $f(t)$ は**ラプラス逆変換** (Laplace transformation inversion) と呼ばれ，$\mathcal{L}^{-1}$ という記号で表される．

図 **2.13** に示しているように，式 (2.39) のラプラス変換 $F(s)$ は，時間関数 $f(t)$ から複素領域 s に変換し，式 (2.40) のラプラス逆変換は，複素領域 s から時間領域 t へ変換するものである．

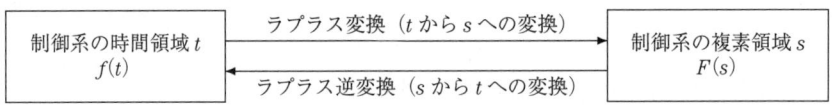

図 **2.13** 時間領域 t と複素領域 s の関係

フーリエ変換より，複素領域 s への変換がラプラス変換であることが理解できたであろう．制御工学の解析から設計まで，時間領域から周波数領域まですべてにわたりラプラス変換が利用でき，重要な数学的道具である．

ここで，ラプラス変換の具体例を紹介しよう．ラプラス変換の記号は $\mathcal{L}$ である．

インパルス関数 $\delta(t)$，ステップ関数 $u(t)$，ランプ関数 t 等，おもな関数のラプラス変換および定理はつぎのようになる．

(1) 単位インパルス関数 $\delta(t)$ のラプラス変換

$$\mathcal{L}\{\delta(t)\} = \int_0^\infty \delta(t)e^{-st}dt = 1 \tag{2.41}$$

(2) 単位ステップ関数 $u(t)$ のラプラス変換

$$\mathcal{L}\{u(t)\} = \int_0^\infty u(t)e^{-st}dt = \int_0^\infty e^{-st}dt = \left[-\frac{1}{s}\cdot e^{-st}\right]_0^\infty$$
$$= \frac{1}{s} \tag{2.42}$$

(3) 単位ランプ関数 t のラプラス変換

$$\mathcal{L}\{t\} = \int_0^\infty te^{-st}dt = \left[-\frac{1}{s}(te^{-st})\right]_0^\infty + \frac{1}{s}\int_0^\infty 1e^{-st}dt$$
$$= \frac{1}{s^2} \tag{2.43}$$

(4) $f(t)$ の導関数のラプラス変換

$$\mathcal{L}\left\{\frac{df(t)}{dt}\right\} = sF(s) - f(0) \tag{2.44}$$

$f(0)$ は $f(t)$ の初期値である。

(5) $f(t)$ の積分のラプラス変換

$$\mathcal{L}\left\{\int_0^t f(t)dt\right\} = \frac{1}{s}F(s) + \frac{1}{s}\left|\int f(t)dt\right|_{t=0} \tag{2.45}$$

(6) $f(t-L)$ のラプラス変換　ただし，$L(>0)$ はむだ時間　※3.2.3項「基本的な伝達関数」(6)「むだ時間要素」を参照

$$\mathcal{L}\{f(t-L)\} = F(s)e^{-sL} \tag{2.46}$$

(7) $f(t) = e^{-at}$ のラプラス変換（この関数のラプラス変換は有用）

$$\mathcal{L}\{e^{-at}\} = \frac{1}{s+a} \tag{2.47}$$

(8) $f(t) = e^{-jat}$ のラプラス変換

$$\mathcal{L}\{e^{-jat}\} = \frac{1}{s+ja} \tag{2.48}$$

(9) $f(t) = e^{jat}$ のラプラス変換

$$\mathcal{L}\left\{e^{jat}\right\} = \frac{1}{s - ja} \tag{2.49}$$

(10) $f(t) = \sin(at)$ のラプラス変換

$\sin(at) = 1/(2j)(e^{jat} - e^{-jat})$ となるので，ラプラス変換 (7) と (8) を利用するとただちに変換することができる。

$$\mathcal{L}\left\{\sin(at)\right\} = \frac{1}{2j}\left(\frac{1}{s - ja} - \frac{1}{s + ja}\right) = \frac{a}{s^2 + a^2} \tag{2.50}$$

(11) $f(t) = \cos(at)$ のラプラス変換

$\cos(at) = 1/2(e^{jat} + e^{-jat})$ となるので，ラプラス変換 (7) と (8) を利用するとただちに変換することができる。

$$\mathcal{L}\left\{\cos(at)\right\} = \frac{1}{2}\left(\frac{1}{s - ja} + \frac{1}{s + ja}\right) = \frac{s}{s^2 + a^2} \tag{2.51}$$

(12) $f(t)$ がラプラス変換 $F(s)$ で与えられているとき，$f(t)$ の最終値 $f(\infty)$ が存在する場合，$f(\infty)$ はつぎのようになる。この関係は**最終値定理** (final value theorem) と呼ばれる。

$$f(\infty) = \lim_{t \to \infty} f(t) = \lim_{s \to 0} sF(s) \tag{2.52}$$

(13) $f(t)$ がラプラス変換 $F(s)$ で与えられているとき，$f(t)$ の初期値 $f(0)$ が存在する場合，$f(0)$ はつぎのように求めることができる。この関係は**初期値定理** (initial value theorem) と呼ばれる。

$$f(0+) = \lim_{t \to 0} f(t) = \lim_{s \to \infty} sF(s) \qquad (t \geq 0) \tag{2.53}$$

(14) $e^{-at}f(t)$ のラプラス変換は，つぎのようになる。

$$\mathcal{L}\left\{e^{-at}f(t)\right\} = F(s + a) \tag{2.54}$$

2.3.4　ラプラス逆変換

時間領域 t から s 領域に変換する方法がラプラス変換であり，s 領域から時間領域 t に変換する方法がラプラス逆変換であった。

s 領域（ラプラス変換）の関数はこれまで述べてきた単純な形の関数で表現できるとは限らない。一般的にラプラス変換された関数 $F(s)$ は分母，分子とも s の多項式で表現され

$$F(s) = \frac{B(s)}{A(s)} = \frac{b_m s^m + b_{m-1} s^{m-1} + b_{m-2} s^{m-2} + \cdots + b_0}{a_n s^n + a_{n-1} s^{n-1} + a_{n-2} s^{n-2} + \cdots + a_0} \quad (2.55)$$
$$(n \geqq m)$$

となる。式 (2.55) の分母を

$$A(s) = a_n s^n + a_{n-1} s^{n-1} + a_{n-2} s^{n-2} + \cdots + a_0 = 0 \quad (2.56)$$

と置くとき，式 (2.56) は**特性方程式** (characteristic equation) と呼ばれ，この根は**特性根** (characteristic root) と呼ばれる。ここで，特性根を $\lambda_1, \lambda_2, \cdots, \lambda_n$ とするとき，$A(s)$ は因数分解でき

$$A(s) = (s - \lambda_1)(s - \lambda_2) \cdots (s - \lambda_n) \quad (2.57)$$

となり

$$F(s) = \frac{B(s)}{(s - \lambda_1)(s - \lambda_2) \cdots (s - \lambda_n)} \quad (2.58)$$

と変形できる。さらに，式 (2.58) は代数学的方法（部分分数）により

$$F(s) = \frac{k_1}{(s - \lambda_1)} + \frac{k_2}{(s - \lambda_2)} + \cdots + \frac{k_n}{(s - \lambda_n)} \quad (2.59)$$

と変形できる。式 (2.59) の係数 $k_1, k_2, \cdots, k_n$ は，ヘヴィサイドの展開定理により

$$k_i = [(s - \lambda_i) F(s)]_{s = \lambda_i} \quad (i = 1, 2, \cdots, n) \quad (2.60)$$

と求めることができる。したがって，$F(s)$ のラプラス逆変換は

$$\mathcal{L}^{-1}\{F(s)\} = k_1 e^{\lambda_1 t} + k_2 e^{\lambda_2 t} \cdots + k_n e^{\lambda_n t} \quad (2.61)$$

となる。

特性方程式が r 重根を含む場合，$F(s)$ は

と表すことができる。式 (2.62) を部分分数分解すると

$$F(s) = \frac{B(s)}{(s-\alpha)^r (s-\lambda_{r+1})(s-\lambda_{r+2})\cdots(s-\lambda_{r+n})} \quad (2.62)$$

$$F(s) = \frac{M_1}{(s-\alpha)} + \frac{M_2}{(s-\alpha)^2} + \cdots$$
$$\cdots + \frac{M_r}{(s-\alpha)^r} + \frac{N_{r+1}}{(s-\lambda_{r+1})} + \frac{N_{r+2}}{(s-\lambda_{r+2})} + \cdots$$
$$\cdots + \frac{N_{r+n}}{(s-\lambda_{r+n})} \quad (2.63)$$

となる。式 (2.63) の係数 $M_i (i=1,2,\cdots,r)$ は，ヘヴィサイドの展開定理により

$$M_i = \frac{1}{(r-1)!} \left\{ \frac{d^{r-1} B(s)}{ds^{r-1}} \right\} \bigg|_{s=\alpha} \quad (i=1,2,\cdots,r) \quad (2.64)$$

と求められる。また，$N_{r+1},\cdots,N_n$ は，式 (2.60) により求めることができる。

ラプラス変換および逆変換について述べてきたが，制御系の解析や設計にはこのラプラス変換は数学的に重要な道具である。**図 2.14** で示すように，微分方程式を解析する常微分方程式論とこのラプラス変換による代数的な方法の違いを理解することは重要である。制御工学でよく利用されるラプラス変換および逆変換表を**表 2.1** に示す。また，**表 2.2** に導関数のラプラス変換を示す。

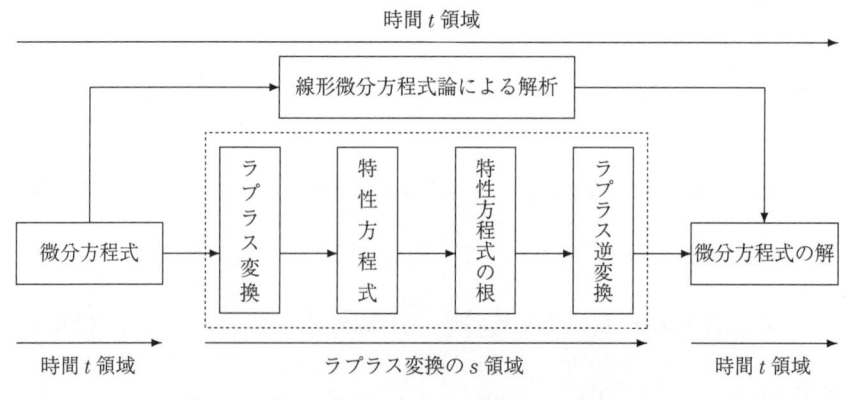

図 **2.14** 微分方程式とラプラス変換による解析の関係

表 2.1　おもな関数のラプラス変換

$f(t)$ $(t<0$ で $f(t)=0)$	$F(s)$	備考
$\delta(t)$	1	単位インパルス関数
1	$\dfrac{1}{s}$	単位ステップ関数
t	$\dfrac{1}{s^2}$	単位ランプ関数
e^{-at}	$\dfrac{1}{s+a}$	
t^n	$\dfrac{n!}{s^{n+1}}$	
$t^n e^{-at}$	$\dfrac{n!}{(s+a)^{n+1}}$	
$\sin(\omega t)$	$\dfrac{\omega}{s^2+\omega^2}$	
$\cos(\omega t)$	$\dfrac{s}{s^2+\omega^2}$	
$\sin(\omega t+\phi)$	$\dfrac{(\omega\cos\phi+s\sin\phi)}{s^2+\omega^2}$	
$\cos(\omega t+\phi)$	$\dfrac{(-\omega\sin\phi+s\cos\phi)}{s^2+\omega^2}$	
$e^{-at}\sin(\omega t)$	$\dfrac{\omega}{(s+a)^2+\omega^2}$	
$e^{-at}\cos(\omega t)$	$\dfrac{s+a}{(s+a)^2+\omega^2}$	

表 2.2　導関数のラプラス変換

$$\mathcal{L}\left[\frac{df}{dt}\right]=sF(s)-f(0)$$

$$\mathcal{L}\left[\frac{d^2f}{dt^2}\right]=s^2F(s)-sf(0)-f'(0)$$

$$\mathcal{L}\left[\frac{d^3f}{dt^3}\right]=s^3F(s)-s^2f(0)-sf'(0)-f''(0)$$

2.3.5　畳込み積分と応答

図 2.15 の電気回路において，入力電圧 $v_i(t)$，R の両端の電圧を出力 $v_o(t)$

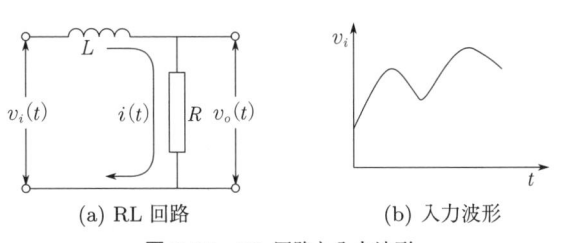

(a) RL 回路　　(b) 入力波形

図 2.15　RL 回路と入力波形

とすると

$$L\frac{di(t)}{dt} + Ri(t) = v_i(t) \tag{2.65}$$

$$i(t) = \frac{v_o(t)}{R} \tag{2.66}$$

を導くことができる。式 (2.66) を式 (2.65) に代入して，整理をすると

$$\frac{L}{R}\left\{\frac{dv_o(t)}{dt}\right\} + v_o(t) = v_i(t) \tag{2.67}$$

と変形できる。初期条件をすべて 0 とすると，電気回路の微分方程式の解である出力 $v_o(t)$ は次式となる。

$$v_o(t) = \frac{R}{L}e^{-\frac{Rt}{L}}\int_0^t e^{R\frac{\tau}{L}}v_i(\tau)d\tau \tag{2.68}$$

式 (2.68) は入力に対する出力の関係を求めているものであり，このような関係を入力に対する出力の応答と呼ぶ。入力 $v_i(t)$ の波形により，ステップ波形 $u(t)$ が入力に印加された場合は**ステップ応答** (step response)

$$v_o(t) = \frac{R}{L}e^{-\frac{Rt}{L}}\int_0^t e^{R\frac{\tau}{L}}u(\tau)d\tau \tag{2.69}$$

と呼ばれ，インパルス波形 $\delta(t)$ が入力に印加された場合は**インパルス応答** (impulse response)

$$v_o(t) = \frac{R}{L}e^{-\frac{Rt}{L}}\int_0^t e^{R\frac{\tau}{L}}\delta(\tau)d\tau \tag{2.70}$$

と呼ばれる。

特にインパルス応答と制御系の伝達関数については重要であるので，ラプラス変換との関係を含めて説明する。

式 (2.70) において，インパルス関数は時間 $t=0$ のみ意味があり，それ以外は関数値は 0 である。したがって，式 (2.70) の出力 $v_o(t)$ は

$$v_o(t) = \frac{R}{L}e^{-\frac{Rt}{L}} \tag{2.71}$$

となる。

出力 $v_o(t)$ は，電気回路の定数（構造上の定数）により決定されている。このことは，入力波形がインパルス波形であったために起こったことである。制御系で考えるなら，インパルス応答の波形は制御系の構造上の定数による波形が現れていることになる。実際には，インパルス波形を作ることは不可能であるが，理論的には重要な事柄（応答）が含まれている。

ここでインパルス応答 $v_o(t)$ を $g(t)$ と表すと

$$g(t) = \frac{R}{L} e^{-\frac{Rt}{L}} \tag{2.72}$$

となる。式 (2.72) の $g(t)$ を利用して任意の波形が入力されたときの出力（式 (2.68)）を表すと

$$v_o(t) = \int_0^t g(t-\tau) v_i(\tau) d\tau \tag{2.73}$$

となる。式 (2.73) は，インパルス応答 $g(t)$ と任意の入力波形 $v_i(\tau)$ との**畳込み積分** (convolution integral) と呼ばれている。

ここで制御系における伝達関数の意味を考えるうえで重要な畳込み積分について説明する。

関数 $g(t)$ は，負の時間領域では意味を持たない。すなわち，関数値は 0 である。式 (2.73) が値を持つ範囲は，$t-\tau$ が正の領域であり，負の領域では 0 である。よって，$g(t-\tau)$ の性質は

$$C_n = \begin{cases} g(t-\tau) = 0 & (t < 0) \\ g(t-\tau) = 0 & (t < \tau) \end{cases} \tag{2.74}$$

となる。$v_o(t)$ は，関数 $g(t-\tau)$ と $v_i(\tau)$ の積を 0 から t で積分し，時間軸 t で積分の値を時間 t で表したものと解釈できる。τ の横軸での積分を図的に示したものが**図 2.16** である。畳込み積分は，時間 t 軸上の 0 から t までの積分値である。式 (2.74) から時間 t は，無限大 (∞) まで拡張しても問題は起こらないので，ここでは時間軸は無限大まで拡張して考えることにする。

つぎに，式 (2.73) の両辺のラプラス変換を求めてみよう。

$$V_o(s) = \int_0^\infty v_o(t) e^{-st} dt \tag{2.75}$$

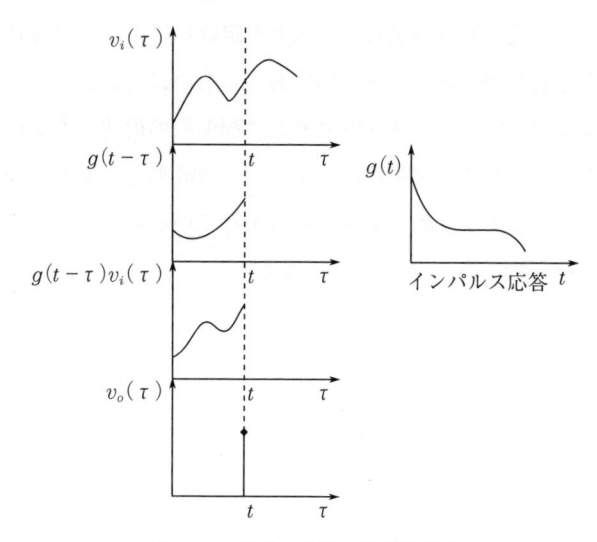

図 **2.16** 畳込み積分の図的な解釈

$$V_o(s) = \int_0^\infty v_i(\tau)d\tau \int_0^\infty g(t-\tau)e^{-st}dt \tag{2.76}$$

第2項の積分は $g(t-\tau)$ のラプラス変換であり，むだ時間 τ を導入し，$g(t)$ のラプラス変換を $G(s)$ とおくと

$$V_o(s) = G(s)\int_0^\infty v_i(\tau)e^{-s\tau}d\tau \tag{2.77}$$

と変形できる。式 (2.77) の積分形式は $V_i(\tau)$ のラプラス変換であり，これを $V_i(s)$ とおくと

$$V_o(s) = G(s)V_i(s) \tag{2.78}$$

となる。式 (2.77) は，出力と入力のラプラス変換の比がインパルス応答のラプラス変換に等しいということを表している。これらの関係を表すと

$$\frac{V_o(s)}{V_i(s)} = G(s) \tag{2.79}$$

となる。この $G(s)$ は**伝達関数** (transfer function) と呼ばれ，制御工学では重要な役割を担うものである。

2.3.6 周波数応答とフーリエ変換

与えられたインパルス応答 $g(t)$ のラプラス変換は,伝達関数 $G(s)$ に等しく

$$G(s) = \int_0^\infty g(t)e^{-st}dt \tag{2.80}$$

となり,$s = j\omega$ とおくと

$$G(j\omega) = \int_0^\infty g(t)e^{-j\omega t}dt \tag{2.81}$$

となる。ここで $g(t)$ は $t < 0$ の領域では $g(t) = 0$ であり,積分区間を $(-\infty, \infty)$ に拡張しても問題は起こらない。したがって,式 (2.81) は

$$G(j\omega) = \int_{-\infty}^\infty g(t)e^{-j\omega t}dt \tag{2.82}$$

となる。式 (2.81) の $G(j\omega)$ は $g(t)$ のフーリエ変換であり,$g(t)$ を求めることは $G(j\omega)$ をフーリエ逆変換することにあたる。

ここで制御工学では,伝達関数 $G(s)$ を $s = j\omega$ とおくと,周波数領域に変換させることができる。また,この関係はインパルス応答 $g(t)$ をフーリエ変換しても求めることができる。この関係を図 **2.17** に示す。

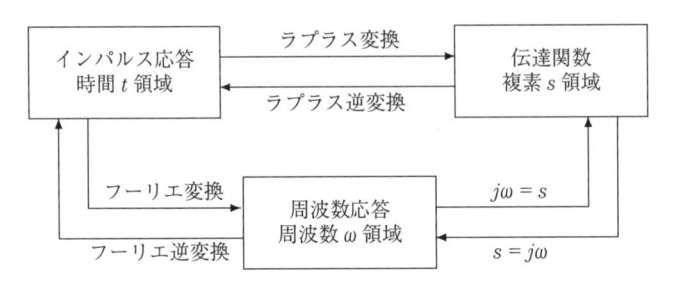

図 2.17 ラプラス変換,フーリエ変換,インパルス応答,伝達関数,周波数応答の関係

章 末 問 題

【1】 つぎの関数のラプラス変換を求めよ.

(1) $f_a(t) = u(t-a)$ (2.83)

(2) $f_b(t) = te^{-at}$ (2.84)

(3) $f_c(t) = \cos(\omega t + \phi)$ (2.85)

(4) $f_d(t) = t\sin\omega t$ (2.86)

【2】 つぎの関数のラプラス逆変換を求めよ.

(1) $F_A(s) = \dfrac{1}{s(s+a)}$ (2.87)

(2) $F_B(s) = \dfrac{1}{(s-a)^n}$ (2.88)

(3) $F_C(s) = \dfrac{1}{s^2 - a^2}$ (2.89)

(4) $F_D(s) = \dfrac{s+3}{s(s+1)(s+2)}$ (2.90)

【3】 $0 \leq t \leq T$ で区分的に連続かつ有界な周期 T の周期関数 $f(t)$ のうち, 図 **2.18** に示す三角波とパルス波のラプラス変換を, 式 (2.91) の関係を用いて求めよ.

$$\mathcal{L}\{f(t)\} = \frac{1}{1-e^{-sT}} \int_0^T e^{-s\tau} f(\tau) d\tau \tag{2.91}$$

(1) $f(t) = f(t+T) = \begin{cases} \dfrac{2A}{T}t & \left(0 < t < \dfrac{T}{2}\right) \\ \dfrac{2A}{T}(T-t) & \left(\dfrac{T}{2} < t < T\right) \end{cases}$ (2.92)

(2) $f(t) = f(t+T) = \begin{cases} A & \left(0 < t < \dfrac{T}{2}\right) \\ 0 & \left(\dfrac{T}{2} < t < T\right) \end{cases}$ (2.93)

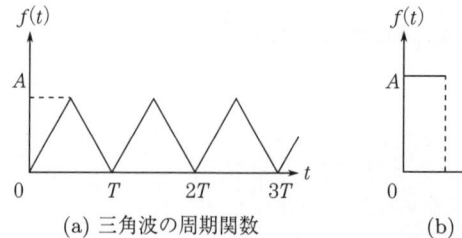

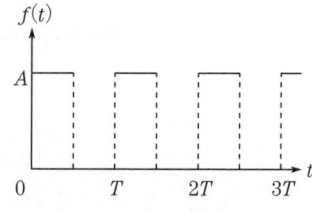

(a) 三角波の周期関数   (b) パルス波の周期関数

図 **2.18** RL 回路と入力波形

3 システムと伝達関数

3.1 システムの表現

制御系設計を行うには，なんらかの方法で制御対象の入出力を表現することが必要である。

最も基本的な方法は，制御対象の入出力データをグラフで表現する方法であり，おおまかな特性を把握することができるため，古くから多用されている。

一方，物理現象や物性値を数式で表現できれば詳細に特性の解析ができ，高精度な制御系設計が行える。さらに時不変な線形システムならば扱いやすい。

他方，制御対象の内部構成が複雑で，正確に物理現象や物性値を表現できない場合がある。例えば，合金の比熱は理論的に求められないため，その熱容量の算出も困難である。このような場合，構造を決めた数式に入出力データを割り当てながら数式の係数を決定する**システム同定** (identification) が行われる。

ここでは，個々の物理現象や物性値とは関係しない数学的背景となるシステム表現について述べる。

3.1.1 動的システム

まず最初に**動的システム** (dynamic system) と正反対な**静的システム** (static system) を考える。

現在の出力値 (output value) が，現在の入力値 (input value) のみ反映するシステムを静的システム，または記憶のないシステム (memoryless system) と

いう。例えば，**図 3.1** のように電源とつねに一定値の電気抵抗 R が接続された電気回路では，ある電流値を R に加えると，R 両端に掛かる電圧値はつねに同じになる。

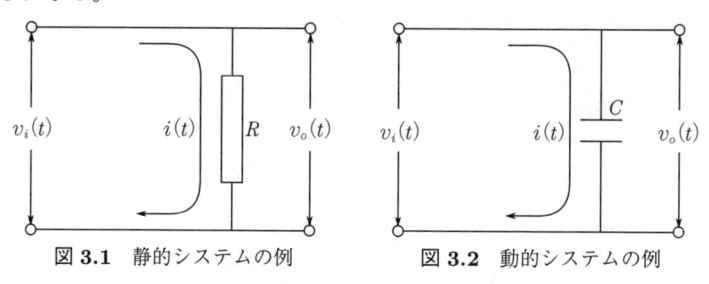

図 3.1 静的システムの例　　**図 3.2** 動的システムの例

現在の出力値が，現在と過去の入力値に反映するシステムを動的システム，または記憶のあるシステム (system with memory) という。例えば，**図 3.2** のように電源とつねに一定値のコンデンサ C が接続された電気回路では，ある電流値を C に加えると，C 両端に掛かる電圧値は，コンデンサ内に蓄積される電気エネルギーの状況により，変化していく。

3.1.2　時不変システム

例えば電気回路の電気抵抗 R やコンデンサ C の値など，システムの係数が時間とともに変化せず一定であるシステムは**時不変システム** (time-invariant system) と呼ばれる。通常の使用において，つねに同じ入力値を加えると同じ出力値が得られる。実在する装置や製品が同じ出力値を得られなくなった場合，故障または劣化による寿命が原因と考えられる。

逆に，通常の使用において，システムの係数が時間と共に変化するシステムは**時変システム** (time-variant system) と呼ばれる。これは同じ入力値を加えても時間とともにシステムの係数が変化するため，以前と同じ出力が得られるとは限らない。

3.1.3　線形システム

線形システム (linear system) とは，**重ね合わせの原理** (principle of superposion) が成り立つシステムのことである。具体的には下記の二つの条件を満たせば線形システムといえる。

(1) 入力 $\alpha u_1(t)$ に対する出力は $\alpha y_1(t)$ となる（α は実数）
(2) 二つの入力の和 $u(t) = u_1(t) + u_2(t)$ に対する出力は $y_1(t) + y_2(t)$ になる

3.1.4 線形モデルの作成

実在する制御対象は，多かれ少なかれ非線形現象 (nonlinear phenomena) を有している。そのため，一般的に解を求めることは困難である。そこで，最も使用する範囲に着目したり，なんらかの数学的テクニックを用いて**線形化** (linearization) し，扱いやすくすることが重要である。

ここでは，簡単のため，入力 u，非線形関数 $f(x)$ からなる 1 次の非線形システム

$$\frac{dx}{dt} = f(x, u) \tag{3.1}$$

の線形化を考える。

（1） **動作点と平衡点**　最も使用する範囲のうち，着目する代表点 u_0, x_0 は**動作点** (operating point)，その動作点周りの微小変動範囲は**動作点近傍** (neighborhood of operating point) と呼ばれる。また，時間的に変化せず静止した状態で留まる点は**平衡点** (equilibrium, zero) と呼ばれる。

通常，平衡点を動作点とすることが多い。この場合は，システムの安定性が課題になる。

（2） **線形化の手順**　式 (3.1) を線形化する手順はつぎのとおりである。
(1) 通常，最も使用する u と x の変動範囲を定める。
(2) 変動範囲からそれぞれの動作点 u_0，x_0 を決め，そこからの微小変化分を δu，δx とする。
(3) 非線形項 $f(x, u)$ を動作点 x_0 周りでテイラー展開 (Taylor expansion) し，例えば，2 次以上の項を無視する。

$$f(\delta x + x_0, \delta u + u_0) = f(x_0, u_0) + \left.\frac{\partial f(x,u)}{\partial x}\right|_{x=x_0, u=u_0} \delta x$$
$$+ \left.\frac{\partial f(x,u)}{\partial u}\right|_{x=x_0, u=u_0} \delta u \qquad (3.2)$$

(4) 式 (3.1) の右辺を式 (3.2) の右辺で置き換え，x に $\delta x + x_0$，u に $\delta u + u_0$ をそれぞれ代入すると，δx に関する線形化が行える。

例題 3.1 図 3.3 に示す単純化された吊り下げ振り子の運動方程式を立て，重力方向で自然に静止する点を動作点とし，その動作点近傍において線形微分方程式を求めよ。

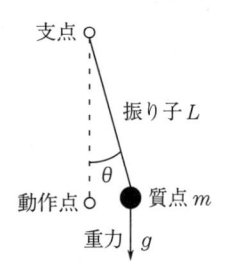

図 3.3 吊り下げ振り子

【解答】 図 3.3 より，振り子の物理量を表 3.1 のように定義する。

表 3.1 図 3.3 の吊り下げ振り子に関する物理量

物理量	記号	単位
振り子先端の質点（錘）の質量	m	〔g〕
振り子の長さ	L	〔m〕
振り子の静止位置からの角度	θ	〔°〕
重力加速度	g	〔m/s^2〕

振り子が回転する力は復元力，すなわち質点の重力方向の加速度と一致するため

$$mL\frac{d^2\theta}{dt^2} = -mg\sin\theta \qquad (3.3)$$

という運動方程式が成り立つ。両辺から m を消去して整理をすると

$$\frac{d^2\theta}{dt^2} + \frac{g}{L}\sin\theta = 0 \qquad (3.4)$$

と変形できる。これは三角関数が含まれているため，振り子の非線形微分方程式である。

ここで，動作点は $\theta = 0$ であるから，その近傍に着目すると

$$\sin\theta \simeq \theta \tag{3.5}$$

とおくことができる。式 (3.5) を式 (3.4) に代入すると

$$\frac{d^2\theta}{dt^2} + \frac{g}{L}\theta = 0 \tag{3.6}$$

となり，線形微分方程式を得ることができる。

$\diamond$

3.2 伝達関数

3.2.1 微分方程式による制御対象の動特性の表現

さまざまな機械や電子部品，建築材料，自動車，家電等の工業製品の温度特性を事前に測る装置は環境試験機と呼ばれ，恒温槽の一種である。

ここでは単純化した恒温槽を例とし，制御対象の動特性を微分方程式で表現してみよう。

例題 3.2 図 3.4 に示す時不変で線形な恒温槽において，熱流量と温度の関係式を求めよ。

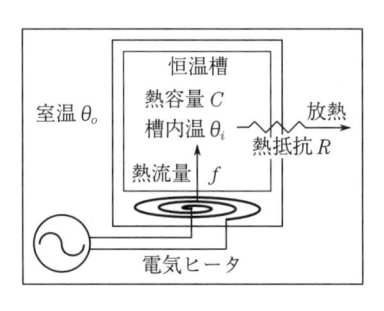

図 3.4 恒温槽

【解答】 図 3.4 より，恒温槽の物理量を表 3.2 のように定義する。

3. システムと伝達関数

表 3.2 図 3.4 の恒温槽に関する物理量

物理量	記号	単位
恒温槽内の電気ヒータが発生する熱流量	f	〔W〕
恒温槽内の温度	θ_i	〔°C〕
恒温槽が設置されている部屋の温度	θ_o	〔°C〕
恒温槽が蓄積可能な熱容量	C	〔J/°C〕
恒温槽から逃げる熱の熱抵抗	R	〔°C/W〕

恒温槽内の温度 θ_i と設置されている部屋の温度 θ_o に差があるとき，恒温槽から外部への放熱が少なからず発生する。

単位時間 (dt) 当りに恒温槽に加えられる電気ヒータからの熱流量 f は，そこから外部に放熱する熱流量を差し引いたものと，恒温槽の熱容量 C と t 秒間に上昇する恒温槽内の温度上昇分 $d\theta_i$ の積に等しいので，式 (3.7) の関係が成り立つ。

$$\left(f - \frac{\theta_i - \theta_o}{R}\right) dt = C d\theta_i \tag{3.7}$$

ここで式 (3.7) を整理すると，単位時間当りの恒温槽の温度変化に関するつぎの微分方程式 (3.8) を得ることができる。

$$\frac{d\theta_i}{dt} = -\frac{\theta_i}{RC} + \frac{f}{C} + \frac{\theta_o}{RC} \tag{3.8}$$

◇

3.2.2 伝達関数による制御対象の動特性の表現

2 章では，ラプラス変換を用いると微分方程式が代数方程式に変換できるため，計算が容易で扱いやすくなることを学習した。

ここでは，微分方程式をラプラス変換すると伝達関数[†]と呼ばれる制御対象の入出力を簡潔に表現した数式が得られることを学ぼう。

例題 3.3 例題 3.2 で得られた恒温槽に関する微分方程式をラプラス変換し，伝達関数を求めよ。

【解答】 式 (3.8) をラプラス変換し，整理をすると

$$s\Theta_i(s) = -\frac{1}{RC}\Theta_i(s) + \frac{1}{C}\left\{F(s) + \frac{1}{R}\Theta_o(s)\right\} \tag{3.9}$$

[†] すべての初期値を 0 とする。

となる。ただし，$\Theta_o(s)$, $\Theta_i(s)$, $F(s)$ はそれぞれ θ_o, θ_i, f をラプラス変換したものである。

ここで，$a = 1/RC$, $b = 1/C$ とおくと

$$s\Theta_i(s) = -a\Theta_i(s) + b\left\{F(s) + \frac{a}{b}\Theta_o(s)\right\} \tag{3.10}$$

と変形できる。

$\Theta_o(s)$ は既知であるため，$F(s) + a/b\Theta_o(s)$ を入力 $U(s)$, $\Theta_i(s)$ を出力 $Y(s)$ と置き換えると式 (3.11) のように書ける。

$$sY(s) = -aY(s) + bU(s) \tag{3.11}$$

式 (3.11) を入力と出力の比で整理をすると，制御対象である恒温槽の伝達関数 $P(s)$ を得ることができる。

$$P(s) = \frac{Y(s)}{U(s)} = \frac{b}{s+a} \tag{3.12}$$

◇

伝達関数 $G(s)$ を使うと入出力の関係が

$$Y(s) = G(s)X(s) \tag{3.13}$$

と容易に掛け算で表すことができるため，制御系の設計や解析にはなくてはならない表現方法である。

3.2.3 基本的な伝達関数

ここでは，線形かつ時不変である基本的な伝達関数を紹介する。

（1）比例要素　　入力 $x(t)$ の K_p 倍が出力 $y(t)$ となるとき

$$y(t) = K_p x(t) \tag{3.14}$$

の関係が成り立つ。この式 (3.14) をラプラス変換すると

$$Y(s) = K_p X(s) \tag{3.15}$$

となるので，伝達関数は

$$G(s) = K_p \tag{3.16}$$

と表現できる。式 (3.16) の伝達関数 $G(s)$ は**比例要素** (proportional element)，K_p は**比例ゲイン** (proportional gain) と呼ばれる。

（2） 積 分 要 素　　入力 $x(t)$ の積分が出力 $y(t)$ となるとき

$$y(t) = \frac{1}{T_i} \int x(t) dt \tag{3.17}$$

の関係が成り立つ。この式 (3.17) をラプラス変換すると

$$Y(s) = \frac{X(s)}{T_i s} \tag{3.18}$$

となるので，伝達関数は

$$G(s) = \frac{1}{T_i s} \tag{3.19}$$

と表現できる。式 (3.19) の伝達関数 $G(s)$ は**積分要素** (integral element)，T_i は**積分時間** (integral time)，その逆数である $1/T_i$ は**リセット率** (reset rate) と呼ばれる。

（3） 微 分 要 素　　入力 $x(t)$ の微分が出力 $y(t)$ となるとき

$$y(t) = T_d \frac{dx(t)}{dt} \tag{3.20}$$

の関係が成り立つ。この式 (3.20) をラプラス変換すると

$$Y(s) = T_d s X(s) \tag{3.21}$$

となるので，伝達関数は

$$G(s) = T_d s \tag{3.22}$$

と表現できる。式 (3.22) の伝達関数 $G(s)$ は**微分要素** (differential element)，T_d は**微分時間** (derivative time) と呼ばれる。

（4） 1 次遅れ要素　　入力 $x(t)$ が K 倍されたものが，出力 $y(t)$ とその

微分値 $dy(t)/dt$ の T 倍の和となるとき

$$T\frac{dy(t)}{dt} + y(t) = Kx(t) \tag{3.23}$$

の関係が成り立つ。この式 (3.23) をラプラス変換すると

$$TsY(s) + Y(s) = KX(s) \tag{3.24}$$

となるので，伝達関数は

$$G(s) = \frac{K}{1+Ts} \tag{3.25}$$

と表現でき，分母が s に関する 1 次式となっている。式 (3.25) の伝達関数 $G(s)$ は **1 次遅れ要素** (first-order lag element) そして K は**ゲイン定数** (gain constant)，T は**時定数** (time constant) と呼ばれる。

例題 3.3 で求めた式 (3.12)

$$P(s) = \frac{b}{s+a}$$

を $T = 1/a$，$K = b/a$ とおいて整理をすると，式 (3.25) に一致する。

（5） **2 次遅れ要素**　　分母が s に関して 2 次式で表現される伝達関数

$$G(s) = \frac{K}{T^2 s^2 + 2\zeta T s + 1} \tag{3.26}$$

は **2 次遅れ要素** (second-order lag element) と呼ばれる。ここで，ζ は**減衰係数** (damping factor) と呼ばれる無次元の定数であり，応答の減衰または振動の程度を表す。式 (3.26) は 2 次遅れ要素の一般式であり，非振動系と振動系の二つの表現方法に変形できる。

（a）**非振動系**　　いま，$\zeta \geqq 1$ であるとする。ここで

$$T_1 = \frac{T}{\zeta - \sqrt{\zeta^2 - 1}} \tag{3.27}$$

$$T_2 = \frac{T}{\zeta + \sqrt{\zeta^2 - 1}} \tag{3.28}$$

の関係が成り立つとき，式 (3.27) と (3.28) を式 (3.26) に代入して整理をすると

$$G(s) = \frac{Y(s)}{X(s)} = \frac{K}{(T_1 s + 1)(T_2 s + 1)} = \frac{K_1 K_2}{(T_1 s + 1)(T_2 s + 1)} \qquad (3.29)$$

と変形できる。式 (3.29) は図 **3.5** に示すように二つの 1 次遅れ要素を直列接続した 2 次遅れ要素であり，**非振動系** (non-oscillatory systems) と呼ばれる。ここで，K_1, K_2 はゲイン定数，T_1, T_2 はシステムの応答速度を決定する時定数である。

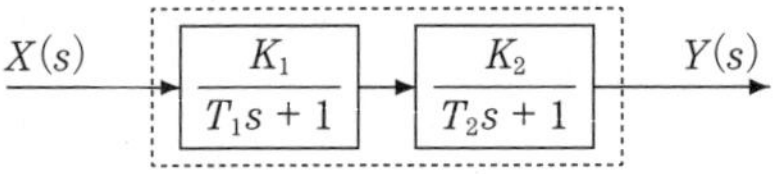

```
X(s) ──▶│ K₁/(T₁s+1) │──▶│ K₂/(T₂s+1) │──▶ Y(s)
```

図 **3.5**　1 次遅れ要素を直列接続した 2 次遅れ要素

(b) 振 動 系

いま

$$T = \frac{1}{\omega_n} \qquad (3.30)$$

とおき，式 (3.30) を式 (3.26) に代入して整理をすると

$$G(s) = \frac{K\omega_n{}^2}{s^2 + 2\zeta\omega_n s + \omega_n{}^2} \qquad (3.31)$$

と変形できる。式 (3.31) は**振動系** (oscillatory systems) と呼ばれる。ここで，ω_n は**固有角周波数** (natural angular frequency) あるいは $\zeta = 0$ を代入すると一定の振動が永久に続く（減衰しない）振動周波数に由来して，**非減衰固有角周波数** (undamped natural angular frequency) と呼ばれる。

(6) むだ時間要素　　入力 $x(t)$ と同じ波形，同じ値が L 時間経過後に出力 $y(t)$ として現れてくるとき

$$y(t) = x(t - L) \qquad (3.32)$$

の関係が成り立つ。この式 (3.32) をラプラス変換すると

$$Y(s) = X(s)e^{-Ls} \qquad (3.33)$$

となるので，伝達関数は

$$G(s) = e^{-Ls} \tag{3.34}$$

と表現できる．式 (3.34) の伝達関数 $G(s)$ は**むだ時間要素** (dead time element)，L は**むだ時間** (dead time) と呼ばれる．

図 **3.6** はむだ時間 L による座標軸の移動を示す．関数 $f(t)$ の波形がむだ時間 L だけ遅れると $f(t-L)$ の波形となるが，これは時間領域で座標軸の縦軸を時間軸に対して L だけ遅らせることに相当し，s 領域では，式 (3.32) のように e^{-Ls} を掛けることに相当する．むだ時間は，歯車で動力を伝達するとき歯車のあそび等にみられる．

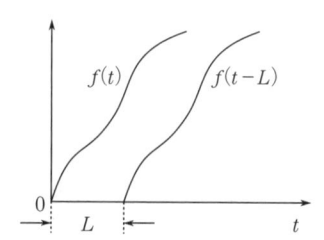

図 **3.6**　むだ時間 L による座標軸の移動

3.2.4　高次系の伝達関数

むだ時間を除いた基本的な伝達関数を汎用的に表現すると，入出力関係はつぎのような定係数の線形常微分方程式で表される．

$$\begin{aligned} & a_n \frac{d^n x(t)}{dt^n} + a_{n-1} \frac{d^{n-1} x(t)}{dt^{n-1}} + \cdots + a_1 \frac{x(t)}{dt} + a_0 x(t) \\ & = b_m \frac{d^m y(t)}{dt^m} + \cdots + b_1 \frac{dy(t)}{dt} + b_0 y(y) \end{aligned} \tag{3.35}$$

$t=0$ におけるすべての初期値 $x(0), x'(0), \cdots, x^{n-1}(0), y(0), \cdots, y^{m-1}(0)$ を 0 とし，ラプラス変換して伝達関数を求めると

$$G(s) = \frac{Y(s)}{X(s)} = \frac{b_m s^m + b_{m-1} s^{m-1} + \cdots + b_1 s + b_0}{a_n s^n + a_{n-1} s^{n-1} + \cdots + a_1 s + a_0} \tag{3.36}$$

となる．$G(s)$ の分母と分子を因数分解すると

$$G(s) = \frac{k(s-z_1)(s-z_2)\cdots(s-z_m)}{(s-p_1)(s-p_2)\cdots(s-p_n)} \tag{3.37}$$

となり，$p_1, p_2, \cdots, p_n$ は制御系の**極** (pole)，$z_1, z_2, \cdots, z_m$ は制御系の**零点** (zero) という。ここで $Y(s)$ と $X(s)$ に共通因子があるとき，それらを消去して残った極および零点は，伝達関数 $G(s)$ の極および零点という。

$G(s)$ が $s = 0$ で l 重極を持つとき，$G(s)$ は l 型 であるといい

$$G(s) = K \cdot \frac{(T_1's+1)(T_2's+1)\cdots(T_m's+1)}{s^l(T_1s+1)(T_2s+1)\cdots(T_rs+1)} = KG_1(s) \quad (3.38)$$

と書ける。式 (3.38) の $G_1(s)$ は $[s^l G_1(s)]_{s=0} = 1$ を満足するので，伝達関数の**正規形** (normalized form) と呼ばれる。

3.3 動的システムのアナロジ

さまざまな自然現象やシステムの物理現象を数式やグラフで表現すると，その中には同じ理論的構造で構成されているものがあることに気付くだろう。

ある系と他の系の現象や性質を対比させて考えることを**アナロジ** (analogy, 類推) という。

例えば，電気系の読者が電気システムと相似している機械や熱等の他分野のシステムをアナロジすることにより，自らの知識や経験を活かしてさまざまな動的システムの解析や制御系設計を行うことができる。

この章では，制御系設計でよく用いられるおもな動的システムのアナロジについて説明する。

3.3.1 電気系と機械系のアナロジ

（1） RLC 並列回路 電気抵抗 R，コイル L，コンデンサ C の三つの素子が並列に接続された RLC 並列回路を考える。

図 **3.7** より入力を $i(t)$，出力を $v(t)$ とし，キルヒホッフの第一法則（電流則）†で回路方程式を立てると，以下の式で表すことができる。

---

† 電気回路の任意の節点において，流れ込む向きを正または負に統一し，各線の電流を I_i としたとき，その総和は 0 となる。

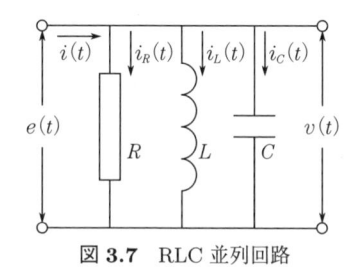

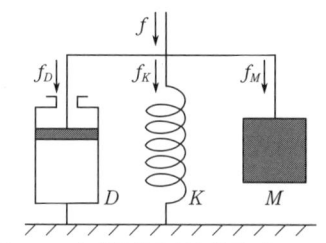

図 3.7 RLC 並列回路 **図 3.8** 直進運動を行う機械系のモデル

$$i(t) = i_R + i_L + i_C \tag{3.39}$$

$$i(t) = \frac{1}{R}v(t) + \frac{1}{L}\int v(t)dt + C\frac{d}{dt}v(t) \tag{3.40}$$

$$i(t) = Gv(t) + \Gamma \int v(t)dt + C\frac{d}{dt}v(t) \tag{3.41}$$

（2）直進運動を行う機械系　物体の進行を妨げるダンパ D，物体の進行に勢いを与えるばね K，物体の進行を遅くする質量 M が並列に接続された直進運動を行う機械系を考える。

図 3.8 より入力を力 $f(t)$，出力を速度 $v(t)$ とすると，（1）「RLC 並列回路」に相似した状態と素子構成になっているため，式 (3.39) をアナロジして運動方

表 3.3 電気系と機械系のアナロジ

流れ	強さ	制動作用	慣性作用	弾性作用
電流	電圧	コンダクタンス	静電容量	逆インダクタンス
i	v	$G = 1/R$	C	$\Gamma = 1/L$
〔A〕	〔V〕	〔S〕	〔F〕	〔H^{-1}〕
アンペア	ボルト	ジーメンス	ファラド	毎ヘンリー
力	速度	ダンパ係数	質量	ばね定数
f	v	$D = f/v$	M	$K = f/\left(\int vdt\right)$
〔N〕	〔m/s〕	〔N·s/m〕	〔kg〕	〔N/m〕
ニュートン	メートル毎秒		キログラム	
トルク	角周波数	ダンパ係数	慣性モーメント	ばね定数
τ	ω	$D = \tau/\omega$	J	$K = \tau/\left(\int \omega dt\right)$
〔N·m〕	〔rad/s〕	〔N·m/rad〕	〔N·m·s/rad〕	〔N·m·s^2/rad〕
ニュートン·メートル	ラジアン毎秒			

程式を立てると，以下の式で表すことができる．

$$f(t) = f_D + f_K + f_M \tag{3.42}$$

$$f(t) = Dv(t) + K\int v(t)dt + M\frac{d}{dt}v(t) \tag{3.43}$$

（3） 電気系と機械系のアナロジ　　以上より，電気系と機械系の中にはアナロジできる関係があることがわかる．これらを**表 3.3** にまとめた．

3.3.2 電気系とプロセス系のアナロジ

熱，気体や液体の流れ，液体の濃さ等を利用した装置，化学プラント等を運転，操業するために制御システムは欠かすことができない．これらはプロセス

表 3.4　電気系とプロセス系のアナロジ

基本量	流れ	強さ	妨げ	蓄積
電気量 q 〔C〕 クーロン	電流 i 〔A〕 アンペア	電圧 v 〔V〕 ボルト	電気抵抗 R 〔Ω〕 オーム	静電容量 C 〔F〕 ファラド
熱量 q 〔J〕 ジュール	熱流量 f 〔W〕 ワット	温度 θ 〔°C〕 度	熱抵抗 R 〔°C/W〕 度毎ワット	熱容量 C 〔J/°C〕 ジュール毎秒
気体量 q 〔kg〕 キログラム	気体流量 f 〔kg/s〕 キログラム 毎秒	圧力 p 〔atm〕 気圧	流れの抵抗 R 〔atm·s/kg〕 気圧秒毎 キログラム	圧容量 C 〔kg/atm〕 キログラム 毎気圧
液量 q 〔m³〕 立方メートル	液流量 f 〔m³/s〕 立方メートル 毎秒	液位 h 〔m〕 メートル	流れの抵抗 R 〔m·s/m³〕 メートル秒毎 立方メートル	タンクの 断面積 A 〔m²〕 平方メートル
溶質量 q 〔kg〕 キログラム	溶質流量 f 〔kg/s〕 キログラム 毎秒	濃度 p 〔kg/m³〕 キログラム毎 立方メートル	濃度÷ 溶質流量 R 〔s/m³〕 秒毎立方 メートル	タンクの容積 V 〔m³〕 立方メートル

系と呼ばれ，その制御は**プロセス制御** (process control) といわれている。

表 3.4 に電気系とプロセス系のアナロジを表す。

3.3.3 電気回路の双対性

動的システムのアナロジを理解するうえで，**双対性** (duality) という概念も欠かせない。実在する制御系は入力が流れ，出力が強さであるものが多いが，これらが逆になっている制御系も存在する。そのような場合には，双対性の考え方が必要になってくる。

ここでは電気回路を例に双対性について述べる。

（1）RLC 直列回路　　電気抵抗 R，コイル L，コンデンサ C の三つの素子が直列に接続された RLC 直列回路を考える。

図 **3.9** より入力を $v(t)$，出力を $i(t)$ とし，キルヒホッフの第二法則（電圧則）†で回路方程式を立てると，以下の式で表すことができる。

$$v(t) = v_R + v_L + v_C \tag{3.44}$$

$$v(t) = Ri(t) + L\frac{d}{dt}i(t) + \frac{1}{C}\int i(t)dt \tag{3.45}$$

$$v(t) = Ri(t) + L\frac{d}{dt}i(t) + S\int i(t)dt \tag{3.46}$$

（2）電気回路における双対回路　　RLC 並列回路の式 (3.41) と RLC 直列

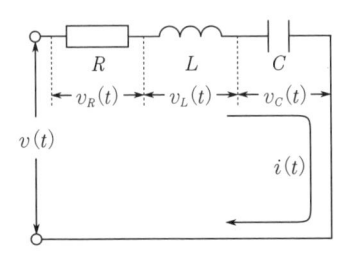

図 **3.9**　RLC 直列回路

---

†　電気回路の任意の閉路において，電圧の向きを一方向に取ったとき，各区間の電圧を V_i とすると，電圧の総和は 0 となる。

回路の式 (3.46) を比較すると，方程式の構成が同じである。二つの電気回路の対応関係は逆の関係になっている。このような回路を**双対回路** (duality circuit) という。両式の係数比較を**表 3.5** に表す。

表 3.5　双 対 回 路

	RLC 直列回路		RLC 並列回路	
入　力	電流	i	電圧	v
出　力	電圧	v	電流	i
エネルギー消費	レジスタンス	R	コンダクタンス	G
微分要素	インダクタンス	L	キャパシタンス	C
積分要素	エラスタンス	S	逆インダクタンス	Γ

表 3.5 より，双対回路の状態と素子はたがいに逆の性質を持つもので構成されていることがわかる。双対回路は，平面上の枝が交わらない平面グラフで表現できる。電気抵抗 R とコイル L の直列回路を平面グラフで表現すると**図 3.10** のように描ける。

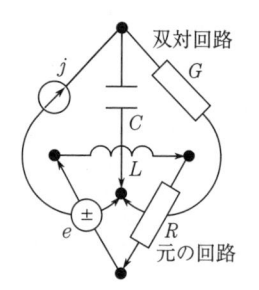

図 3.10　平面グラフで表現した双対回路

コーヒーブレイク

　数式の構造が似ている系はアナロジ可能と説明した。これは学問を学ぶうえで大切な考え方である。しかし，実在する機械や装置，プラント，それらの中で用いられるエネルギーや材料等はおのおの異なった特性や物性を有している。さらに，計測方法が確立されていなかったり，コストの面で計測不能あるいは精度が粗い物理量が存在する場合があり，個々の動的システム解析や制御系設計では，それぞれ固有の方法論が必要になってくる。学問と現実のギャップを埋める理論と技術がたがいに融合することにより，われわれの社会は発展していくと信じている。

章 末 問 題

【1】 図 3.11 に示す RC 直列回路にステップ状の入力電圧 E を印加した。このときの C の両端電圧を導け。

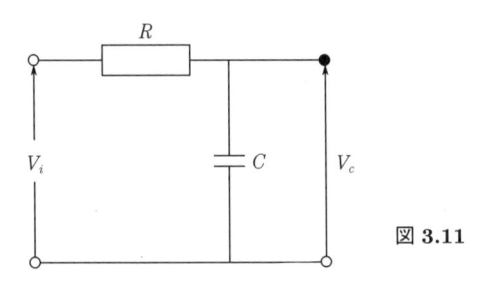

図 3.11

【2】 非線形微分方程式

$$\frac{d^2x}{dt} + 2\frac{dx}{dt} + \cos x = 0 \tag{3.47}$$

の $y = \pi/3$ 近傍においてテイラー展開し，線形微分方程式を導け。

【3】 電気回路より磁気回路をアナロジし，対応表を作成せよ。

4 ブロック線図

4.1 ブロック線図の構成要素と表現方法

電気回路では，電気抵抗，コイル，コンデンサ等の回路素子を R, L, C という回路記号を用い，それらの接続が一目でわかる電気回路図で表現できる。

同様に制御系でも信号の入出力関係を一つのブロックとして扱い，信号の伝達の様子を記号的に表す**ブロック線図** (block diagram) で図示するとわかりやすくなる。

4.1.1 伝達要素

入力信号 $X(s)$ が $G(s)$ 倍されて出力信号 $Y(s)$ となるとき

$$Y(s) = G(s)X(s) \tag{4.1}$$

と書ける。この $G(s)$ を**伝達要素** (transfer element) と呼び，記号を四角形で囲んで表記する。

4.1.2 加え合わせ点

信号が加わったり，差し引かれる合流点を**加え合わせ点** (summing point) と呼び，"○" で表記する。加え合わせ点で合流する信号の正負は "+", "−", "±" 符号で表記する。"+" 符号が省略され，"−" 符号のみ用いられることがある。

4.1.3 引き出し点

信号の分岐点を**引き出し点** (take off point) と呼び，"・"で表記する。

4.1.4 信号線

信号が伝達する線を**信号線** (signal line) と呼び，信号が伝達する方向に矢印線 "→" で表記する。その際，信号線の区別をするために変数を付記する。制御系全体としては左側が入力，右側が出力となるように記述する。

信号線は伝達要素の入出力，加え合わせ点での合流，引き出し点での分岐の方向を示しているが，エネルギーの合流や分岐を示すものではないことに注意が必要である。

以上をまとめると，表 4.1 のようになる。

表 4.1 ブロック線図の記号

名称	記号	関係式
(1) 伝達要素	$X(s) \to \boxed{G(s)} \to Y(s)$	$Y(s) = G(s)X(s)$
(2) 加え合わせ点	$R(s), Y(s) \to \bigcirc{\pm} \to X(s)$	$X(s) = R(s) \pm Y(s)$
(3) 引き出し点	$X_0(s) \to \bullet \to X_1(s),\ X_2(s)$	$X_0(s) = X_1(s) = X_2(s)$

4.2 ブロック線図の等価変換

ブロック線図は使用目的に応じて，信号の取り出し位置を変えたり，一つのブロックにまとめることができる。おもなブロック線図の等価変換を**表 4.2** に示す。

4. ブロック線図

表 4.2 ブロック線図の等価変換

接続形態	ブロック線図	等価なブロック線図
(1) ブロックの順序変更	$X(s) \to G_1(s) \to G_2(s) \to Y(s)$	$X(s) \to G_2(s) \to G_1(s) \to Y(s)$
(2) 直列接続	$X(s) \to G_1(s) \to G_2(s) \to Y(s)$	$X(s) \to G_1(s)G_2(s) \to Y(s)$
(3) 並列接続	$X(s)$ を $G_1(s)$ と $G_2(s)$ に分岐し、$Y_1(s)$ と $Y_2(s)$ を $\pm$ で加え合わせ $Y(s)$	$X(s) \to G_1(s) \pm G_2(s) \to Y(s)$
(4) フィードバック接続	$R(s) +, Z(s) -$ 加え合わせ $X(s) \to G(s) \to Y(s)$、帰還 $H(s)$	$R(s) \to \dfrac{G(s)}{1+G(s)H(s)} \to Y(s)$
(5) 加え合わせ点の移動 1	$R(s) \pm, Z(s)$ 加え合わせ $X(s) \to G(s) \to Y(s)$	$R(s) \to G(s) \to \pm$ 加え合わせ $Y(s)$、$Z(s) \to G(s) \to Y_2(s)$
(6) 加え合わせ点の移動 2	$R(s) \to G(s) \to \pm$ 加え合わせ $Z(s)$、$W(s)$	$R(s) +, Z(s) \pm$ 加え合わせ $X(s) \to G(s) \to Y(s)$、$W(s) \to \dfrac{1}{G(s)}$
(7) 引き出し点の移動 1	$X(s) \to G(s) \to Y(s)$、引き出し $X(s)$	$X(s) \to G(s) \to Y(s)$、引き出し $\to \dfrac{1}{G(s)} \to X(s)$
(8) 引き出し点の移動 2	$X(s) \to G(s) \to Y(s)$、引き出し $Y(s)$	$X(s) \to G(s) \to Y(s)$、$X(s) \to G(s) \to Y(s)$

表 4.2(2) は**直列接続** (serial connection) と呼ばれ，二つの伝達要素を一つにまとめるときは各要素の積をとる。

表 4.2(3) は**並列接続** (parallel connection) と呼ばれ，二つの伝達要素を一つにまとめるときは各要素の和をとる。また，一つの伝達要素を二つに分けるときは各要素の差をとる。

例題 4.1 表 4.2(4) のように，二つのブロックからなる**フィードバック接続** (feedback connection) を一つのブロックにまとめた $R(s)$ から $Y(s)$ への伝達関数を求めよ。

【解答】 表 4.2(4) より，つぎの関係が成り立つ。

$$X(s) = R(s) - Z(s) = R(s) - H(s)Y(s) \tag{4.2}$$

$$Y(s) = G(s)X(s) \tag{4.3}$$

式 (4.2) を式 (4.3) に代入して $X(s)$ を消去すると

$$Y(s) = G(s)R(s) - G(s)H(s)Y(s) \tag{4.4}$$

となる。ここで $Y(s)$ について整理をすると

$$\{1 + G(s)H(s)\}Y(s) = G(s)R(s) \tag{4.5}$$

となる。したがって

$$\frac{Y(s)}{R(s)} = \frac{G(s)}{1 + G(s)H(s)} \tag{4.6}$$

が得られる。

$\diamondsuit$

4.3 フィードバック制御系のブロック線図

4.3.1 フィードバック制御系の基本形

図 4.1 はフィードバック制御系 (feedback control system) の基本形のブロック線図であり，**直結フィードバック** (unity feedback) とも呼ばれる。詳細は 8 章で述べる。

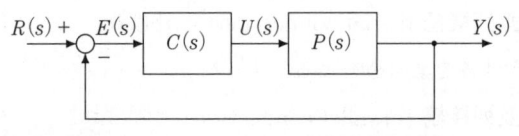

4. ブロック線図

図 4.1 フィードバック制御系の基本形

ここで，$R(s)$ は**目標値** (set point) と呼ばれ，**制御量** (controlled variale) $Y(s)$ を希望の値にするための指令値である。フィードバック制御系は $R(s)$ と $Y(s)$ との差，すなわち**制御偏差** (control error, controlled deviation) $E(s)$ を求め，**制御器**または**コントローラ** (controller) $C(s)$ を通じて**制御対象** (controlled element, controlled object) $P(s)$ に加える**操作量** (manipulated variable, actuated variable) $U(s)$ を自動的に決定する。

例題 4.2　図 4.1 フィードバック制御系の基本形のブロック線図を一つのブロックにまとめた目標値 $R(s)$ から制御量 $Y(s)$ への伝達関数を求めよ。

【解答】　図 4.1 より，つぎの関係が成り立つ。

$$Y(s) = P(s)U(s) \tag{4.7}$$

$$U(s) = C(s)E(s) \tag{4.8}$$

$$E(s) = R(s) - Y(s) \tag{4.9}$$

式 (4.7) に式 (4.8) を代入して $U(s)$ を消去すると

$$Y(s) = P(s)C(s)E(s) \tag{4.10}$$

を得る。式 (4.10) に式 (4.9) を代入して $E(s)$ を消去すると

$$Y(s) = P(s)C(s)\{R(s) - Y(s)\} \tag{4.11}$$

となる。ここで $Y(s)$ について整理をすると

$$\{1 + P(s)C(s)\}Y(s) = P(s)C(s)R(s) \tag{4.12}$$

となる。したがって

$$\frac{Y(s)}{R(s)} = \frac{P(s)C(s)}{1 + P(s)C(s)} \tag{4.13}$$

が得られる。

◇

4.3.2 閉ループと開ループの伝達関数

式 (4.13) は，**閉ループ伝達関数** (closed-loop transfer function) と呼ばれ，図 **4.2** のブロック線図で表すことができる。

$$R(s) \rightarrow \boxed{\dfrac{P(s)C(s)}{1+P(s)C(s)}} \rightarrow Y(s)$$

図 **4.2** 図 4.1 と等価なブロック線図

図 4.1 から加え合わせ点を取り除くと，図 **4.3** のようなブロック線図となり，フィードバック制御系ではなくなる。

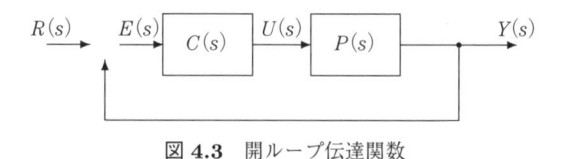

$$R(s) \rightarrow E(s) \rightarrow \boxed{C(s)} \xrightarrow{U(s)} \boxed{P(s)} \rightarrow Y(s)$$

図 **4.3** 開ループ伝達関数

このとき，$E(s)$ から $Y(s)$ までは直列接続であるから

$$\frac{Y(s)}{E(s)} = P(s)C(s) \tag{4.14}$$

と表現できる。これは**開ループ伝達関数** (open-loop transfer function) または**一巡伝達関数** (loop transfer function) と呼ばれ，よく使われる重要な式である。

4.3.3 比例・微分・積分のブロック線図

3.2.3 項「基本的な伝達関数」で述べた比例要素，微分要素，積分要素を直並列に接続した直結フィードバック系のブロック線図を図 **4.4** に示す。

図 4.4 の $C(s)$ 部分は，汎用的な産業用コントローラとして最も普及している PID 制御の基本的なブロック線図である。ここで，K_p は比例ゲイン，T_i は積分時間，T_d は微分時間と呼ばれる。

例題 4.3 図 4.4 のうち，PID 制御を一つのブロックにまとめた制御偏差 $E(s)$ から操作量 $U(s)$ への伝達関数 $C(s)$ を求めよ。

56　4. ブロック線図

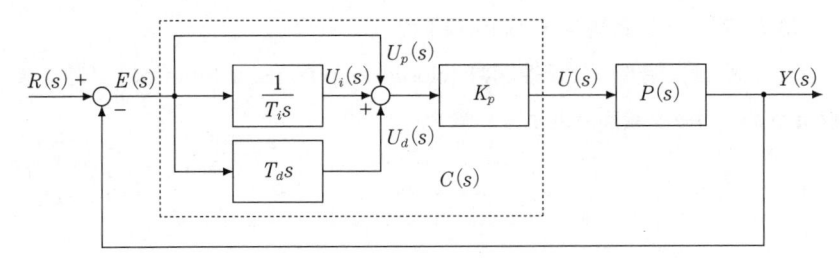

図 4.4　基本的な PID コントローラによる
直結フィードバック系のブロック線図

【解答】　図 4.4 より，つぎの関係が成り立つ．

$$U(s) = K_p\left(U_p(s) + U_i(s) + U_d(s)\right) \tag{4.15}$$

$$U_p(s) = E(s) \tag{4.16}$$

$$U_i(s) = \frac{1}{T_i s} \cdot E(s) \tag{4.17}$$

$$U_d(s) = T_d s \cdot E(s) \tag{4.18}$$

式 (4.15) に式 (4.16)〜(4.18) を代入して整理をすると

$$\frac{U(s)}{E(s)} = C(s) = K_p\left(1 + \frac{1}{T_i s} + T_d s\right) \tag{4.19}$$

を得る．

$\diamondsuit$

4.4　フィードバック制御系の外乱と特性方程式

実際の制御系には制御を乱そうとする**外乱** (disturbance) が加わる．例えば，恒温槽には扉の開閉等が外乱として加わり，制御系に影響を及ぼす．

フィードバック制御系は，いかなる外乱が加わろうとも可能な限り制御を行う特長を有する．そのため，外乱を明示的にブロック線図に示す場合がある．

4.4.1　フィードバック制御系の出力側外乱

図 4.5 は図 4.1 のフィードバック制御系の基本形の出力側に外乱 $D_l(s)$ が加わっている様子をブロック線図にしたものである．ここで，$D(s)$ は定数または

4.4 フィードバック制御系の外乱と特性方程式

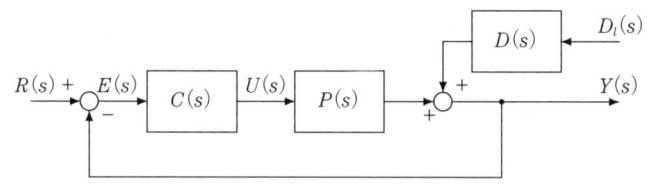

図 4.5 出力側に外乱が加わったフィードバック制御系

1次遅れの伝達関数で表されることが多い。

ここで，表 4.2 で示したブロック線図の等価変換を用いて，図 4.5 を変形してみよう。

(1) まず，制御対象 $P(s)$ とコントローラ $C(s)$ は直列接続であるため，表 4.2(2) より，$P(s)C(s)$ と一つにまとめることができる。さらに，表 4.2(6) より，伝達関数 $P(s)C(s)$ の右側にある加え合わせ点を左側に移動すると，図 4.6(a) のように描ける。

(2) つぎに，二つある加え合わせ点の順番を入れ替えても $P(s)C(s)$ の入力は同じであるため，図 4.6(b) のように変形できる。

(3) 表 4.2(4) より，図 4.6(b) のフィードバック接続部分を一つにまとめると，図 4.6(c) のようになる。

(4) 最後に，表 4.2(5) より，伝達関数の左側から右側に加え合わせ点を移動すると，出力側外乱 $D_l(s)$ から制御量 $Y(s)$ への伝達関数は

$$\frac{Y(s)}{D_l(s)} = \frac{D(s)}{P(s)C(s)} \cdot \frac{P(s)C(s)}{1 + P(s)C(s)}$$
$$= \frac{D(s)}{1 + P(s)C(s)} \quad (4.20)$$

となる。

58   4. ブロック線図

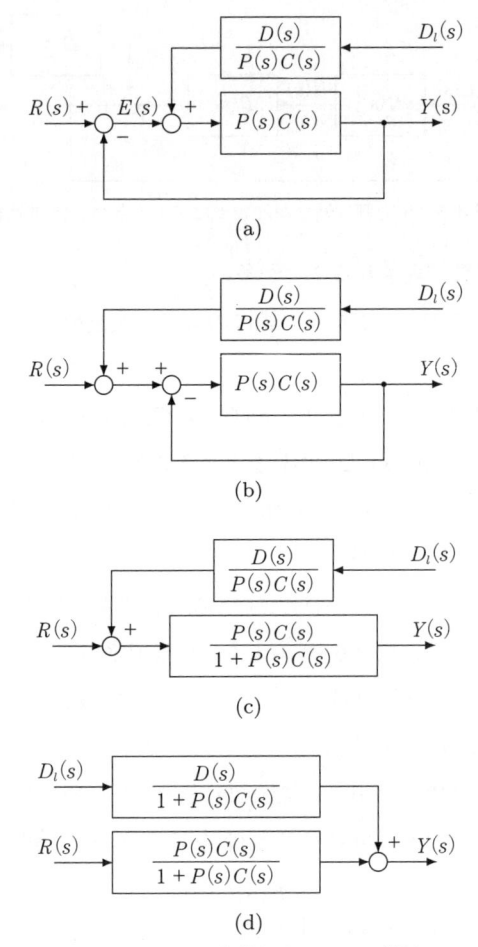

(a)

(b)

(c)

(d)

図 4.6 図 4.5 と等価なブロック線図

4.4.2 フィードバック制御系の特性方程式

図 4.6(d) をみると，目標値 $R(s)$ から制御量 $Y(s)$ までの伝達関数と出力側外乱 $D_l(s)$ から制御量 $Y(s)$ までのそれとは，いずれも分母が $1+P(s)C(s)$ で同じになっている点に気づくだろう。

この分母を零とおいて得られる s に関する方程式

$$1 + P(s)C(s) = 0 \tag{4.21}$$

は特性方程式，またこの特性方程式の根は特性根（または閉ループの根）と呼ばれる。

4.5 実際のシステムの例

4.5.1 直進運動を行う機械系

例題 4.4 図 3.8 に示す直進運動を行う機械系において，垂直方向の変位を y [m] とするとき，各要素を接続したブロック線図を描け。また，それらを一つにまとめたときの伝達関数を求めよ。

【解答】 速度は v [m/s] であるから
$$v = \frac{dy}{dt} \tag{4.22}$$
が成り立つ。すると，式 (3.43) は
$$f(t) = M\frac{d^2}{dt^2}y(t) + D\frac{dy(t)}{dt} + Ky(t) \tag{4.23}$$
と置き換えることができる。

ここで，初期値を 0 としてラプラス変換をすると
$$Ms^2 Y(s) + DsY(s) + KY(s) = F(s) \tag{4.24}$$
となる。したがって，一つにまとめた場合の伝達関数は
$$P(s) = \frac{Y(s)}{F(s)} = \frac{1}{Ms^2 + Ds + K} = \frac{\dfrac{1}{M}}{s^2 + \dfrac{D}{M}s + \dfrac{K}{M}} \tag{4.25}$$
となり，各要素を接続したブロック線図は図 4.7 のように描ける。

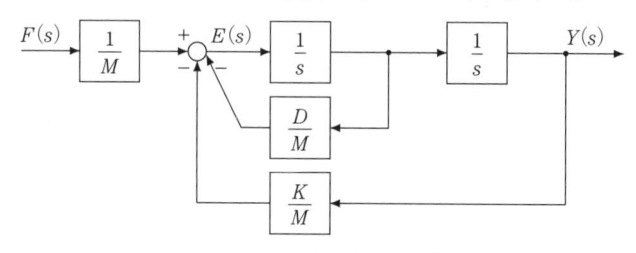

図 4.7 ダンパのブロック線図

◇

4.5.2 RC 回 路

ここでは，抵抗とコンデンサの組み合わせでできる電気回路について考える。特に，同じ抵抗とコンデンサを用いても直列接続と並列接続では特性が違うことを理解し，双対性を考慮してアナロジしてみる。

例題 4.5 図 4.8(a)(b) の RC 回路の入力端電圧 $v_i(t)$ から出力端電圧 $v_o(t)$ までの各要素を接続したブロック線図を描け。また，それらを一つにまとめた伝達関数を求めよ。

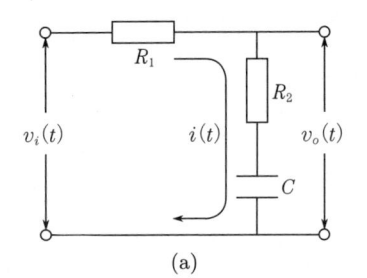

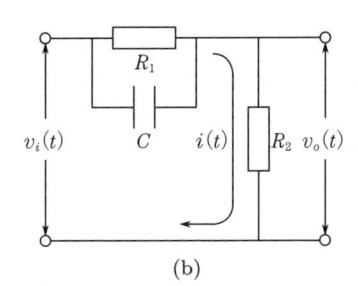

図 4.8 RC 回 路

【解答】 まず，図 4.8(a) から考える。キルヒホッフの電圧則より，入力端端電圧 $v_i(t)$ は，抵抗 R_1，抵抗 R_2，コンデンサ C それぞれにかかる電圧の和に等しいので

$$v_i(t) = i(t)R_1 + i(t)R_2 + \frac{1}{C}\int_0^t i(t)dt \tag{4.26}$$

が成り立つ。また，出力端電圧 $v_o(t)$ は，抵抗 R_2 とコンデンサ C にかかる電圧の和に等しいので

$$v_o(t) = i(t)R_2 + \frac{1}{C}\int_0^t i(t)dt \tag{4.27}$$

が成り立つ。式 (4.26), (4.27) をラプラス変換して初期値を 0 とおくと

$$V_i(s) = \left(R_1 + R_2 + \frac{1}{Cs}\right)I(s) \tag{4.28}$$

$$V_o(s) = \left(R_2 + \frac{1}{Cs}\right)I(s) \tag{4.29}$$

となるので，$I(s)$ を消去して整理をすると，図 4.8(a) の伝達関数は

$$\frac{V_o(s)}{V_i(s)} = \frac{1 + T_2 s}{1 + T_1 s} \tag{4.30}$$

と求まる。ここで，$T_1 = (R_1 + R_2)C$，$T_2 = R_2 C$ である。この RC 回路は位相遅れ回路と呼ばれる。

つぎに，図 4.8(b) を考える。キルヒホッフの電流則より，抵抗 R_2 を流れる電流は，抵抗 R_1 を流れる電流とコンデンサ C を流れる電流の和に等しいから

$$\frac{1}{R_2} v_o(t) = \frac{1}{R_1} \{v_i(t) - v_o(t)\} + C \frac{d}{dt} \{v_i(t) - v_o(t)\} \tag{4.31}$$

が成り立つ。式 (4.31) をラプラス変換して初期値を 0 とおくと

$$\frac{1}{R_2} V_o(s) = \frac{1}{R_1} \{V_i(s) - V_o(s)\} + Cs\{V_i(s) - V_o(s)\} \tag{4.32}$$

と書ける。

よって，図 4.8(b) の伝達関数は

$$\frac{V_o(s)}{V_i(s)} = \frac{T_2(1 + T_1 s)}{T_1(1 + T_2 s)} \tag{4.33}$$

と求まる。ここで，$T_1 = (R_1 + R_2)C$，$T_2 = R_2 C$ である。この RC 回路は位相進み回路と呼ばれる。

以上の関係より，ブロック線図は図 **4.9** のように描ける。

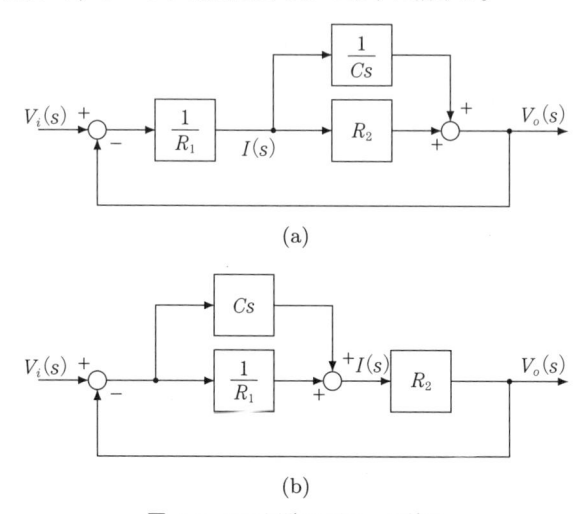

(a)

(b)

図 **4.9** RC 回路のブロック線図

◇

4.5.3 モータ制御

ここでは,簡単化した直流モータに負荷が接続されている例で学習する。

例題 4.6 図 4.10 の直流モータと負荷において,電機子電圧 $E_i(s)$ から回転角速度 $\Omega(s)$ までの各要素を接続したブロック線図を描け。また,それらを一つにまとめた伝達関数を求めよ。ただし,電気的時定数は機械的時定数に比べて小さいので,無視するものとする。

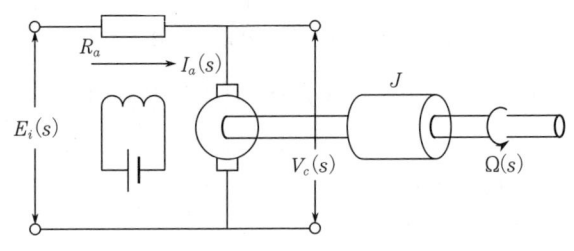

図 4.10 直流モータと負荷

【解答】 直流モータの発生トルク $T_m(s)$ は電機子電流 $I_a(s)$ に比例するので

$$T_m(s) = KI_a(s) \tag{4.34}$$

が成り立つ。

(直流モータの回転による) 電機子逆起電力 $V_c(s)$ は回転角速度 $\Omega(s)$ に比例し,その比例係数は上式と同じとすれば

$$V_c(s) = K\Omega(s) \tag{4.35}$$

となる。

直流モータの発生トルク $T_m(s)$ は直流モータの軸周りの慣性モーメント J と回転角速度 $\Omega(s)$ の積であるから

$$T_m(s) = Js\Omega(s) \tag{4.36}$$

と書ける。

電機子電圧 (直流モータの端子電圧) $E_i(s)$ は,電機子逆起電力 $V_c(s)$ と電機子抵抗 R_a に電機子電流 $I_a(s)$ が流れることによって生じる逆起電力 $I_a(s) \times R_a$ に等しいので

$$E_i(s) - V_c(s) = I_a(s)R_a \tag{4.37}$$

と表される。

以上の関係より，直流モータと負荷のブロック線図は**図 4.11** のように描ける。

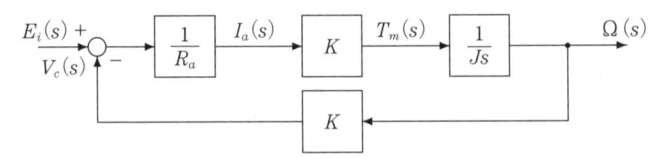

図 4.11 直流モータと負荷のブロック線図

よって，電機子電圧 $E_i(s)$ から回転角速度 $\Omega(s)$ までの伝達関数 $P(s)$ は

$$\frac{\Omega(s)}{E_i(s)} = \frac{\dfrac{1}{K}}{1 + s\dfrac{JR_a}{K^2}} \tag{4.38}$$

となる。

$\diamondsuit$

4.5.4 温　　　度

例題 4.7 例題 3.2 と例題 3.3 で用いた恒温槽において，温度に関する物理量の各要素を接続したブロック線図を描け。

【解答】恒温槽の伝達関数は，最終的に式 (3.25)

$$P(s) = \frac{K}{1 + Ts} \tag{4.39}$$

の 1 次遅れ要素で表すことができる。ここでゲイン K と時定数 T は，熱抵抗 R と熱容量 C との間で

$$K = \frac{1}{R} \tag{4.40}$$

$$T = \frac{1}{RC} \tag{4.41}$$

の関係が成り立つ。

以上の関係より，ブロック線図は**図 4.12** のように描ける。

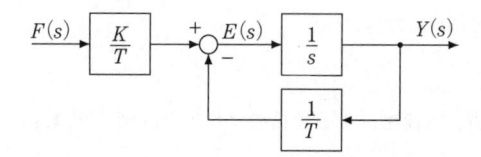

```
  F(s)    K/T     + E(s)   1/s    Y(s)
  ────▶ [ K/T ] ──▶○──▶ [ 1/s ] ──┬──▶
                   ▲-              │
                   │   [ 1/T ] ◀───┘
```

図 4.12 温度のブロック線図

◇

4.5.5 液体タンク

例題 4.8 図 4.13 のタンクに流れ込む液体の流量を入力，タンクの液面の高さを出力とする伝達関数を求めよ。ただし，最初はタンクに液体が満たされていて，液面が一定の平衡状態とする。

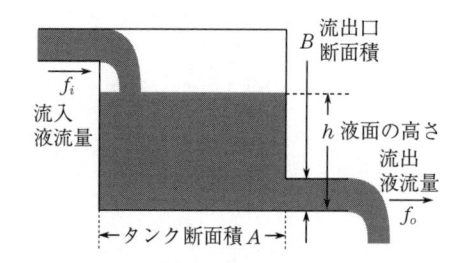

図 4.13 液体タンク

【解答】 図 4.13 より，物理量を**表 4.3** のように定義する。

表 4.3 液体タンクに関する物理量

物理量	記号	単位
タンクに流入する液流量	f_i	$[\mathrm{m^3/s}]$
タンクから流出する液流量	f_o	$[\mathrm{m^3/s}]$
タンクの液面の高さ	h	$[\mathrm{m}]$
タンクの液面の高さの変化量	δh	$[\mathrm{m}]$
タンクの断面積	A	$[\mathrm{m^2}]$
流出口の断面積	B	$[\mathrm{m^2}]$
重力加速度	g	$[\mathrm{m/s^2}]$

液体の流出口ではベルヌーイの定理より

$$f_o = B\sqrt{2gh} \tag{4.42}$$

が成り立つ。

いま，タンクへの流入量と流出量に差が生じ，平衡状態が崩れた時（時刻 $t=0$）を考える．タンクへの流入量と流出量の差が液面の高さを変化させたので

$$\delta f_i - \delta f_o = A\frac{dh}{dt} \tag{4.43}$$

が成り立つ．ここで，液面の高さの変化量 δh は液面の高さ h に比べて十分小さいとすると

$$f_o + \delta f_o = A\sqrt{2g(h+\delta h)}$$
$$\simeq A\sqrt{2gh\left(1+\frac{\delta h}{2h}\right)} = f_o\left(1+\frac{\delta h}{2h}\right) \tag{4.44}$$

より

$$\delta f_o = \frac{f_o \delta h}{2h} = A\frac{\sqrt{g}}{\sqrt{2h}}\delta h = \frac{\delta h}{R} \tag{4.45}$$

となる．ただし，R は流出口の流れの抵抗を表し

$$R = \frac{\sqrt{2h}}{A\sqrt{h}} \tag{4.46}$$

である．

式 (4.46) から，流れの抵抗 R は液面の高さ h によって変化するため，非線形要素になっていることがわかる．しかし，平衡状態の崩れが十分小さい場合には，流れの抵抗 R は一定とみなすことができる．

そこで，微小変化量の δf_i, δf_o, δh を単に f_i, f_o, h に置き換えられるので

$$f_i - f_o = A\frac{dh}{dt} \tag{4.47}$$

$$f_o = \frac{h}{R} \tag{4.48}$$

と書ける．これらをラプラス変換し，整理をすると

$$G(s) = \frac{R}{1+ARs} = \frac{K}{1+Ts} \qquad K=R, T=AR \tag{4.49}$$

が求まる．

◇

章末問題

【1】 図 4.14 のように制御対象 $P(s)$ の入力側に加わる外乱 $D_s(s)$ から制御量 $Y(s)$ への伝達関数を求めよ．

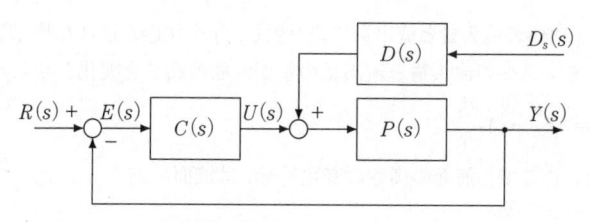

図4.14 入力側に外乱が加わったフィードバック制御系

【2】 図4.15(a)～(e)は2自由度制御系と呼ばれる制御方法のブロック線図である。これら五つのブロック線図はすべて等価な制御系であることが知られている。最初に (a) フィードフォワード型の $R(s)$ から $Y(s)$, $Y(s)$ から $N(s)$, $Y(s)$ から $D(s)$ の伝達関数を求めよ。つぎに (a) の三つの伝達関数と (b)～(e) の変換式を求めよ。

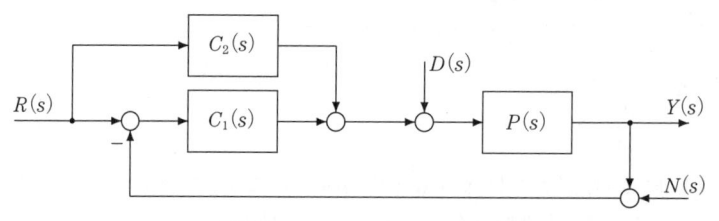

(a) 目標値フィードフォワード (FF) 型

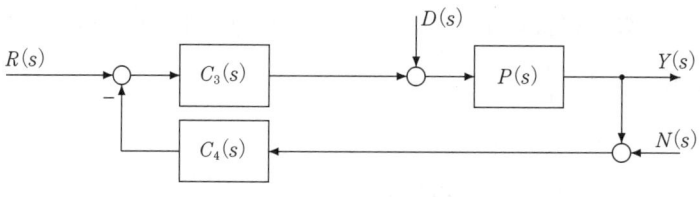

(b) ループ補償 (ループ) 型

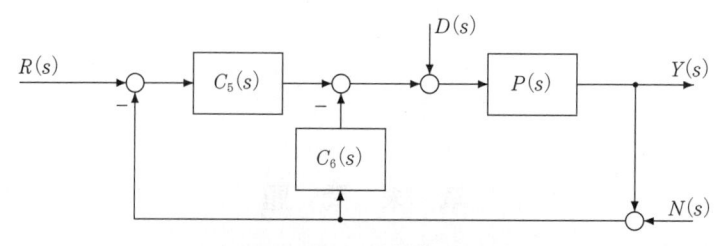

(c) フィードバック補償 (FB) 型

図4.15 2自由度制御系

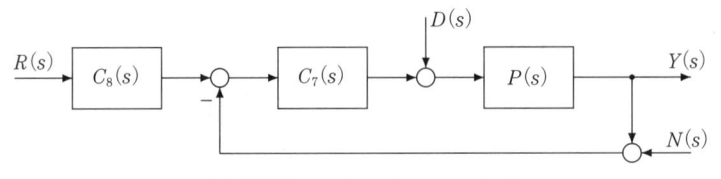

(d) 目標値フィルタ（フィルタ）型

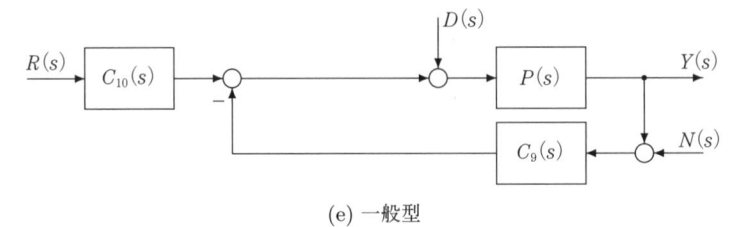

(e) 一般型

図 **4.15** （つづき）

5 システムの時間応答

5.1 過渡応答とは

応答 (response) とは，システムにある入力信号を印加し，その信号によるシステムの変化を時間経過に対応させてシステムの外部へ取り出すことをいう．初期状態が一定値に保たれているシステムに対し，入力信号の印加により時間経過とともに変化している状態は**過渡状態** (transient state) と呼ばれ，やがて時間の経過とともに一定値に落ち着いた状態は**定常状態** (steady state) と呼ばれる．定常状態にあるシステムに，外乱が加わる場合や目標値が変更される場合も過渡状態を経て再び定常状態に落ち着く．過渡応答を引き起こす入力はつぎの 2 種類に分類できる．

(1) システムを制御するためのわれわれが操作できる入力
(2) 外乱や雑音など，われわれが操作できない入力

出力はわれわれが一定に保ちたい制御変数（被制御変数）である．一方，入力は広義の意味で制御変数に影響を与える変数 $x(t)$ として扱う．入力の印加により定常状態にあるシステムが変動し，過渡状態を経て再び定常状態に収束するとき，どのような大きさと素早さで挙動するのか．この**動的な特性** (dynamics) は装置自身の性能を決定する重要な仕様となる．

3 章で学んだ伝達関数を用いれば，これから述べる確定的な入力を印加して制御変数の影響が解析できる．系または要素の伝達関数を $G(s)$，入力信号を $x(t)$，出力信号を $y(t)$，そのラプラス変換をそれぞれ $X(s)$，$Y(s)$ で表すと，

過渡応答 $y(t)$ は

$$Y(s) = G(s) \cdot X(s) \tag{5.1}$$

$$y(t) = \mathcal{L}^{-1}\{G(s) \cdot X(s)\} \tag{5.2}$$

より求めることができる。われわれは過渡応答を解析するために，装置の問題やハードウェアの仕様に合った入力信号を選ぶことができる。実際の外乱や雑音の未知入力は複雑に変動するランダムな信号であるが，産業界ではこれまでに確定的な入力を用いて解析をし，効果を上げている。初めに過渡応答のための実践的な入力を紹介しよう。

5.1.1 過渡応答のための入力信号

図 5.1 に実際に利用されるステップ入力，ランプ入力，矩形入力の波形[†]を示す。

（1） ステップ入力　　ステップ入力は，図 5.1(a) のように急激に変化し，

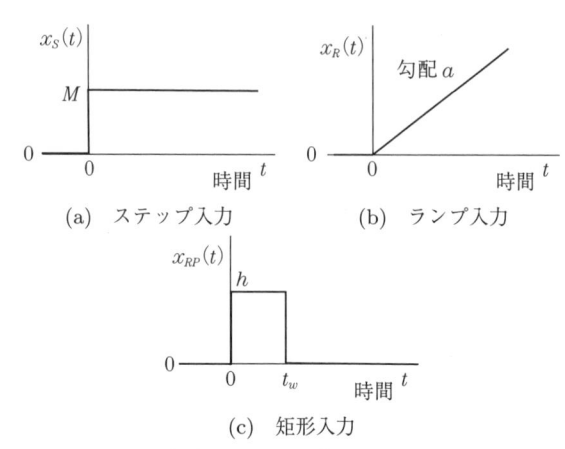

図 5.1　代表的な過渡応答のための入力信号

[†] 数式で表現された入力は，実際の駆動デバイスで完全には実現できない。例えば，スイッチングデバイス (MOS-FET や IGBT) にはドロップ電圧が発生し，入力にバイアスを生じる。また，計装バルブは瞬時に入力を変化できない。さらに，装置の動作範囲によってはこれらのバイアスや特性が大きな影響を与える。入力装置のハードウェア特性（バイアスや非線形性）を測定しておき，反映させることは重要な作業である。

その後一定値を継続する特性である。産業界で最もよく使用される。例えば，DC モータや電気ヒータへの印加電圧，プロセス装置への材料の供給など，多くの装置で利用される。この入力変化はステップ状として表現できる。

$$x_S(t) = \begin{cases} 0 & (t < 0) \\ M & (t \geqq 0) \end{cases} \tag{5.3}$$

これは，時刻 $t = 0$ にて M の大きさの急激な変化が起きることを示している。2 章で単位ステップ関数のラプラス変換を導出した。大きさ M のステップ関数である式 (5.3) をラプラス変換すると

$$X_S(s) = \frac{M}{s} \tag{5.4}$$

となる。

例題 5.1 装置の工業的な設定のために，あらかじめ初期値のあるステップ入力を利用する場合がある。温度制御装置において電気ヒータの入力 $W(t)$ が初期値の 30W から 70W に急激に変化する場合のラプラス変換を求めよ。

【解答】 $M = 1$ のときの単位ステップ入力を用いれば良い。すなわち

$$W(t) = 30 + (70 - 30)U(t) \tag{5.5}$$

と表現される。ここで，$U(t)$ は式 (5.3) で $M = 1$ とした単位ステップ入力である。装置への負荷や安全範囲を見積もるため，実際の応答データを基にして入力の初期値を考慮することはとても重要である。

$\diamondsuit$

（2） ランプ入力 ランプ入力は，図 5.1(b) のようにある時間の間に一定の勾配で増加もしくは減少する変化である。温度制御では，周辺温度や相対湿度などの環境条件が徐々に変化して，制御出力に影響を与える。また，モータの起動時やバッチ型の反応炉では，目標値を別の値に変化させる時，ランプ状に変化させることが実用的に行われる。このような入力は

$$x_R(t) = \begin{cases} 0 & (t < 0) \\ at & (t \geq 0) \end{cases} \tag{5.6}$$

で表現できる．勾配が1のランプ関数のラプラス変換はすでに2章で導出した．したがって，式 (5.6) をラプラス変換すると

$$X_R(s) = \frac{a}{s^2} \tag{5.7}$$

となる．

（3） 矩形パルス入力　　制御対象は急激に変化する外乱を受けるが，その後に外乱が継続しない場合がある．例えば，金型の温度制御では冷却用の水がある時間だけ流入される．ロボットアームではある時間のみに一定の加重がかけられる．このような変化は，図 5.1(c) の矩形パルスで表現される．

$$x_{RP}(t) = \begin{cases} 0 & (t < 0) \\ h & (0 \leq t < t_w) \\ 0 & (t \leq t_w) \end{cases} \tag{5.8}$$

これは，$t=0$ で大きさ 1 となるステップ関数と $t=t_w$ で大きさ -1 となるステップ関数の和で表現できる．

$$x_{RP}(t) = h\{U(t) - U(t - t_w)\} \tag{5.9}$$

ここで，$U(t)$ は単位ステップ関数である．ラプラス変換は $t \geq 0$ で定義されるので

$$x_{RP}(t) = h\{1 - U(t - t_w)\} \quad (t \geq 0) \tag{5.10}$$

となる．式 (5.10) をラプラス変換すると

$$X_{RP} = \frac{h}{s}(1 - e^{-t_w s}) \tag{5.11}$$

となる．

以上の（1）～（3）のステップ入力，ランプ入力，矩形パルス入力は，産業界

で実際の装置に印加される入力の実践的なものである。これらを組み合わせることにより，三角パルス等のさまざまな形状の入力が生成できる（5章章末問題【3】図形のラプラス変換を復習しよう）。

（4）**正弦波入力**　制御対象は，周期的な変化を有する入力を受ける場合がある。例えば，低周波の正弦波入力は，エアコン等に利用されるコンプレッサのモータ制御において，周期的な負荷外乱が騒音問題を引き起こす。高周波の正弦波入力は，電源装置の電源周波数に依存した雑音が重畳する。周期的な変動は

$$x_{sin}(t) = \begin{cases} 0 & (t < 0) \\ A\sin\omega t & (t \geq 0) \end{cases} \tag{5.12}$$

で表現される。ここで，振幅 A，周期 τ は $\tau = 2\pi/\omega$ である。特に，正弦波入力は 6 章の周波数応答法で用いられる重要な入力である。式 (5.12) のラプラス変換は，すでに学んだ sin 関数のラプラス変換に振幅 A を掛けて

$$X_{sin}(s) = \frac{A\omega}{s^2 + \omega^2} \tag{5.13}$$

となる。

（5）**インパルス入力**　インパルス入力は，2 章ですでに示したように数学的な理論の導出や解析に重要である。しかし，過渡応答の実験では利用されることは少ない。これは，通常の装置でこの入力が物理的に実現できないからである。実際の駆動デバイスに無限に小さい時間でエネルギー密度（物理量）を与えることは不可能である。産業界では前述した矩形パルスが利用される。なお，単位ステップ入力を加えた応答の微分は，インパルス入力を加えた応答と等しくなる。

（6）**ランダム入力**　実際の外乱や雑音の入力は，複雑でランダムな変動をするため，時間に対する確定的な記述はできない。この変動特性には，平均値と標準偏差を利用して統計的に扱うことが考えられる。ただし，本書の範囲を超えているので割愛する。多くの産業応用ではこのようなランダムな入力に対して，確定的な入力による設計で十分に良い結果を得ている。

5.1.2 基本要素（比例・積分・微分）の応答

本節では，比例・積分・微分という基本要素のステップ入力による過渡応答を述べる。一般の装置は基本要素を結合させて構成される。

（1） 比例要素：ばねと抵抗　式 (3.16) で示した比例要素

$$G(s) = \frac{Y(s)}{X(s)} = K \tag{5.14}$$

の代表例として，図 **5.2**(a) 機械系のばねが弾性範囲内で作用する力 $f(t)$ に対するばねの伸び $x(t)$ の関係（入力：$f(t)$，出力 $x(t)$）や，図 (b) 電気系の抵抗の端子電圧 $v(t)$ に対する電流 $i(t)$ の関係（入力：$v(t)$，出力：$i(t)$）が挙げられる。ここで，ばねの場合は $K = 1/k$，抵抗の場合は $K = 1/R$ の関係が成り立つ。

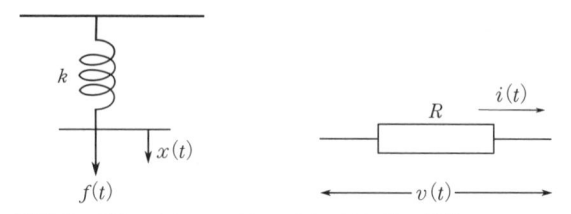

(a) 機械系：ばね $f(t) = kx(t)$　　(b) 電気系：抵抗 $v(t) = Ri(t)$

図 **5.2**　比 例 要 素

式 (5.14) に単位ステップ入力（大きさ 1 のステップ入力）を印加すると，図 **5.3** の応答になる。単位ステップ入力に対するステップ応答を**インディシャル応答** (inditial response) という。

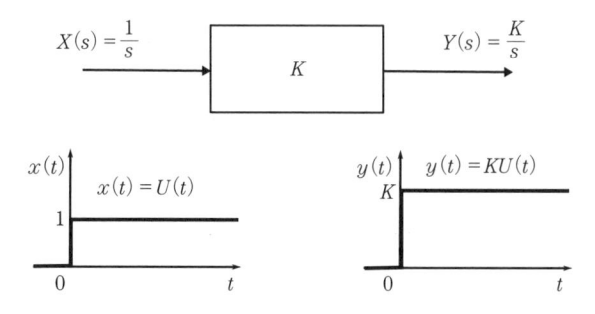

図 **5.3**　比例要素の単位ステップ応答

(2) 積分要素：シリンダとコンデンサ　　式 (3.19) で示した積分要素

$$G(s) = \frac{Y(s)}{X(s)} = \frac{1}{T_i s} \tag{5.15}$$

の代表例として，図 **5.4**(a) 機械系のシリンダ内に入る流量 $q(t)$ に対するピストンロッドの移動変位 $x(t)$ の関係（入力：$q(t)$，出力：$x(t)$），図 (b) 電気系のコンデンサにおける端子電圧 $v(t)$ に対する電流 $i(t)$ の関係（入力：$i(t)$，出力：$v(t)$）が挙げられる．これらは，入力信号を積分したものが出力される．

式 (5.15) に単位ステップ入力を印加すると，図 **5.5** の応答になる．

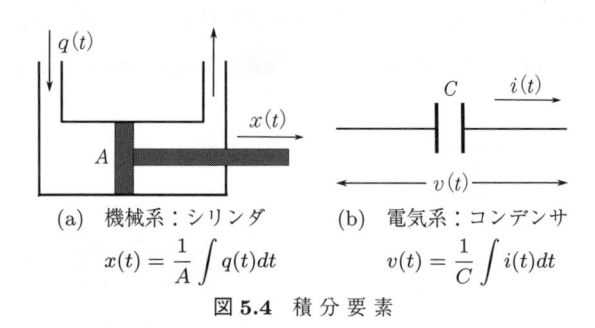

(a)　機械系：シリンダ
$$x(t) = \frac{1}{A}\int q(t)dt$$

(b)　電気系：コンデンサ
$$v(t) = \frac{1}{C}\int i(t)dt$$

図 **5.4**　積 分 要 素

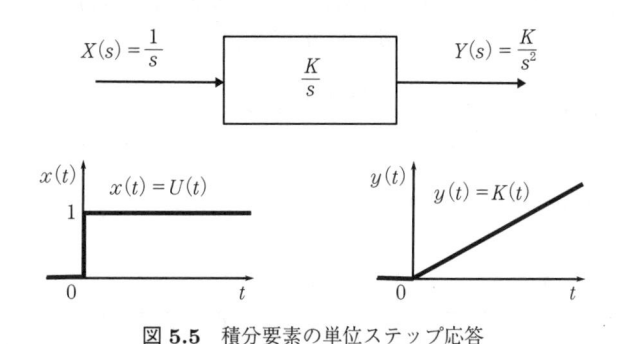

図 **5.5**　積分要素の単位ステップ応答

(3) 微分要素：ダシュポットとコイル　　式 (3.22) で示した微分要素

$$G(s) = \frac{Y(s)}{X(s)} = T_d s \tag{5.16}$$

の代表例として，図 **5.6**(a) 機械系の振動を抑制させる減衰器またはダシュポッ

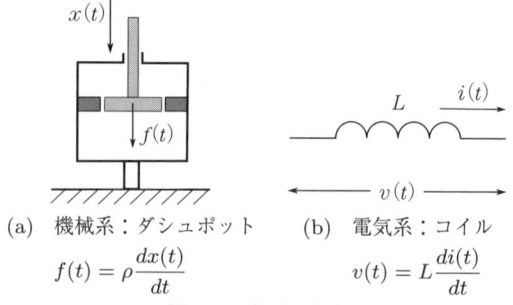

(a) 機械系：ダシュポット 　　(b) 電気系：コイル
$f(t) = \rho \dfrac{dx(t)}{dt}$ 　　　　　$v(t) = L \dfrac{di(t)}{dt}$

図 5.6　微 分 要 素

トにおいて，粘性係数 ρ による粘性が影響するロッドに作用する力 $f(t)$ とロッドの移動変位 $x(t)$ の関係（入力：$x(t)$，出力：$f(t)$），電気系のインダクタンス L のコイルに電流 $i(t)$ と端子電圧 $v(t)$ の関係（入力：$i(t)$，出力：$v(t)$）が挙げられる．これらは，入力信号を微分したものが出力される．

式 (5.16) に単位ステップ入力を印加すると，図 5.7 の応答になる．

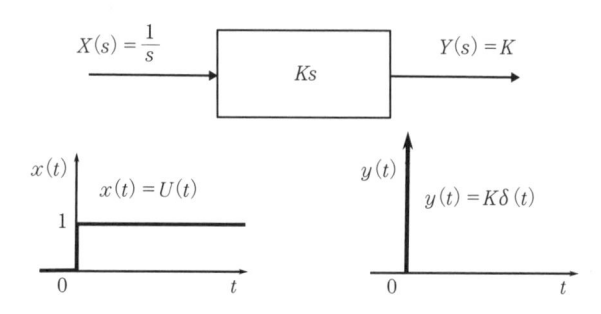

図 5.7　微分要素の単位ステップ応答

5.2　1 次遅れ系の過渡特性と定常特性

式 (3.25) で示した 1 次遅れ要素

$$G(s) = \frac{Y(s)}{X(s)} = \frac{K}{Ts+1} \tag{5.17}$$

の代表例として，図 5.8(a) 機械系のダシュポットによる抵抗力とばねによる弾

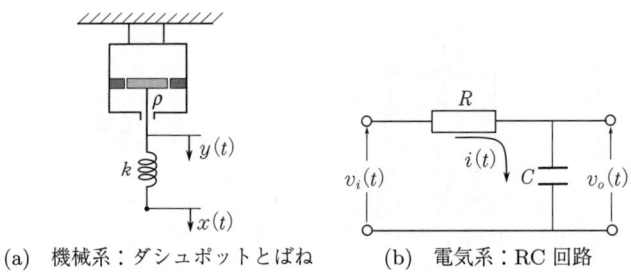

(a) 機械系：ダシュポットとばね　　(b) 電気系：RC 回路

図 5.8　1 次遅れ系

性力のつり合い，図 (b) 電気系の RC 回路等がある．産業界では，制御対象を 1 階もしくは 2 階の線形微分方程式で表現することが多い．1 次遅れ系と 2 次遅れ系は実践的に使う重要な要素である．

5.2.1　1 次遅れ系の応答

いま，初期状態がすべてゼロで，時刻 $t=0$ において入力 $u(t)$ が急激に 0 から M に変更された式 (5.17) のステップ応答を求めよう．すなわち，大きさ M のステップ入力 $X(s) = M/s$ を印加すると，式 (5.1) より

$$Y(s) = G(s) \cdot X(s)$$
$$= \frac{K}{Ts+1} \cdot \frac{M}{s} \tag{5.18}$$

と表すことができる．式 (5.18) をラプラス逆変換すると，時間応答は

$$y(t) = KM \left(1 - e^{\frac{-t}{T}}\right) \tag{5.19}$$

となる．したがって，ステップ応答の定常値 ($t = \infty$) は

$$\lim_{t \to \infty} y(t) = KM \tag{5.20}$$

と求まる．

図 5.9 に正規化 (normalized) された応答を示す．縦軸は出力をゲイン定数と入力変化量の積 KM で割った値であり，横軸は経過時間を時定数 T で割った値である．出力は初期値から最終値まで指数関数曲線となる．表 5.1 の応答データよ

図 5.9　1次遅れ系のステップ応答（正規化）

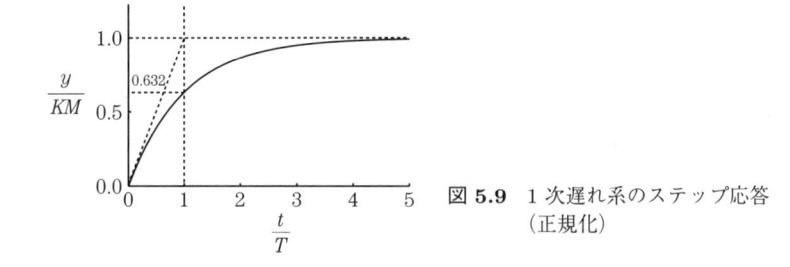

表 5.1　1次遅れ系のステップ応答データ

時刻 t	出力 $y(t)/KM = 1 - e^{-t/T}$	時定数と応答出力の関係
0	0.0000	
T	0.6321	時定数 T と等しい時間経過で約 63.2%に到達する
$2T$	0.8647	
$3T$	0.9502	時定数 T の3倍の時間経過で約 95.0%以上に到達する
$4T$	0.9817	
$5T$	0.9933	時定数 T の5倍の時間経過でほぼ定常値に到達する

り，時定数に等しい時間 $(t = T)$ が経過した時に，出力は最終値の**63.2%の値となる**。また，時定数の3倍以上の時間が経過すると，ほぼ最終値の95%以上になり定常状態に到達する。ここで，式 (5.19) は最終値に決して到達できないことに注意しよう。すなわち，最終値定理では経過時間 $t = \infty$ を条件とするが，実システムは有限な稼動時間に限定されるので，最終値への到達程度は時定数の3~5倍程度の経過時間となると覚えておくと実用的である。

例題 5.2　1次遅れ系 $G(s)$ にステップ入力 $X(s)$ が印加されたときの時間応答を求め，$X(s)$ と $G(s)$ の極が過渡応答と定常応答にどのように影響するのかを示せ。ただし，$G(s)$ と $X(s)$ は式 (5.21)，(5.22) で与えられる。

$$G(s) = \frac{1}{s+5} \tag{5.21}$$

$$X(s) = \frac{1}{s} \tag{5.22}$$

【解答】 出力 $Y(s)$ は

$$Y(s) = G(s) \cdot X(s) = \frac{1}{s(s+5)} \tag{5.23}$$

となる。式 (5.23) をラプラス逆変換すると，時間応答

$$y(t) = \mathcal{L}^{-1}\{Y(s)\} \tag{5.24}$$

$$= \underbrace{\{sY(s)\}_{s=0} \cdot e^{0t}}_{X(s) \text{ の極 } (0)} + \underbrace{\{(s+5)Y(s)\}_{s=-5} \cdot e^{-5t}}_{G(s) \text{ の極 } (-5)} \tag{5.25}$$

$$= \frac{1}{5} + \left(-\frac{1}{5}\right)e^{-5t} \tag{5.26}$$

が得られる。ここで，$y(t) = y_s(t) + y_d(t)$ とし，$y(t)$ を定常項 $y_s(t)$ と過渡項 $y_d(t)$ に分ける。定常項は入力 $X(s)$ の極 (0) に支配されており，過渡項は伝達関数 $G(s)$ の極 (-5) に支配されていることがわかる。

◇

コーヒーブレイク

図 5.9 は，正規化された波形であることに注意しよう。システムが線形である場合に，すべてのステップ応答は入力信号の大きさに比例する。一般に線形理論は，正規化された形式で記述されると便利である。これは，異なる種類のさまざまな制御対象でもデータを正規化すれば，一般性をもって理論を展開・比較できるからである。実システムに適用する際には，適切なゲインや時定数の定数を乗じる必要がある。

5.2.2　時定数とゲイン

（1）時定数 T　　正規化されたステップ応答の $t = 0$ における勾配は，式 (5.19) より

$$\left.\frac{d}{dt}\left(\frac{y}{KM}\right)\right|_{t=0} = \frac{1}{T} \tag{5.27}$$

となる。すなわち，図 5.9 に示したように，時刻 $t = 0$ における接線が正規化された定常値である 1 と交差する時間は時刻 $t = T$ となる。これより，時定数 T を求めるおおまかな手順はつぎのとおりである。

1) 応答の 63.2% に到達する時刻を求める。

2) 応答曲線の $t=0$ で接線を引いて，接線が定常値を横切る点を求める。

しかしながら，実験データから求めようとすると難しいことに気づくだろう。これは実際のデータが 1 次遅れ系の応答を示すことはほとんどないからである。単純な 1 次遅れ系は，入力デバイスの遅れ・外乱とノイズ・系の非線形性等の高次のダイナミクスを表現できない。したがって，1 次遅れ系モデルと実験データの誤差が多い場合には，後述する高次モデルを利用する。

（2） ゲイン K ゲイン K は，定常特性を支配する定数であり，**直流ゲイン** (DC gain) と呼ばれる。応答波形から

$$K = \frac{\text{出力の変化分}}{\text{入力の変化分}} = \frac{y(\infty) - y(0)}{x(\infty) - x(0)} \tag{5.28}$$

の関係で求められる。伝達関数が既知の場合には，最終値の定理を用いて

$$\lim_{t \to \infty} y(t) = \lim_{s \to 0} sY(s) = \lim_{s \to 0} s\left\{G(s)\frac{M}{s}\right\} = G(0)M = KM \tag{5.29}$$

より

$$K = G(0) \tag{5.30}$$

で求められる。

ゲイン K が既知のとき，定常値 $y(\infty)$ の算出は，ラプラス逆変換した $y(t)$ に $t=\infty$ を代入したり，最終値の定理を適用せず，式 (5.28) の関係から，入力の変化量にゲイン K を掛ける直接的な計算で定常値を求めよう。

例題 5.3 オペレータが温度制御装置のヒータ入力を 59.0W から 64.0W にステップ変更した。このときの温度出力とヒータ入力の時間応答は図 **5.10** である。この図に点線の補助線を描いた 1 次遅れ系モデルを求めよ。また，点 a における温度を求めよ。

80   5. システムの時間応答

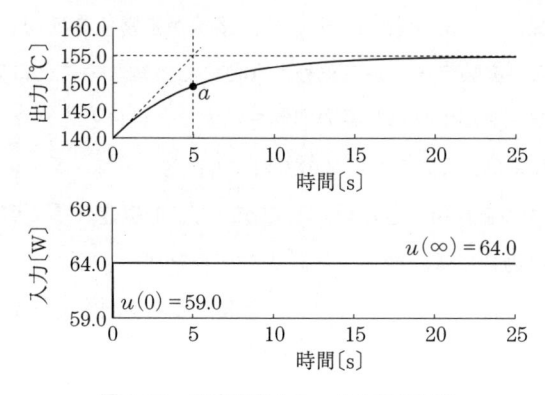

図 5.10 温度出力とヒータ入力の関係

【解答】 入力の変化 ΔM は，$\Delta M = 64.0 - 59.0 = 5.0$ 〔W〕である。出力の変化 Δy は，$\Delta y = y(\infty) - y(0) = 155.0 - 140.0 = 15.0$ 〔°C〕である。したがって，1次遅れ系のゲイン K は

$$K = \frac{\Delta y}{\Delta M} = \frac{15.0}{5.0} = 3.0 \quad 〔°C/W〕 \tag{5.31}$$

となる。つぎに，補助線が $t(0)$ における接線と $y(\infty)$ の接線の2本がある。交差する時間が5秒であるので時定数は5秒となる。これより，1次遅れ系モデルは

$$G(s) = \frac{3}{5s+1} \tag{5.32}$$

となる。点 a は，時刻5秒における垂線と応答波形との交わる点であるので約63.2%の応答点である。これより，点 a での温度 y_a は初期値を考慮して

$$y_a = y(0) + 0.632 \times \Delta y = 140 + 0.632 \times 15 \approx 150 \quad 〔°C〕 \tag{5.33}$$

となる。ただし，単純な1次遅れ系の応答は実際の応答と異なる。詳細は5.3節で述べる。

◇

例題 5.4 1次遅れ系のステップ応答実験を行った。記録したデータは，時刻 t_1 の点 A から時刻 t_2 の点 B までしかない。このデータのグラフである図 5.11 から1次遅れ系の時定数を求めよ。

図 5.11　1次遅れ系の欠落データ

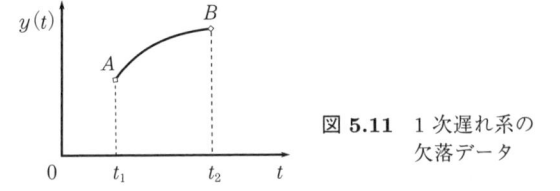

【解答】 式 (5.19) の応答 $y(t)$ より，点 A と点 B での傾きを求める．

$$y'(t_1) = \frac{KM}{T} e^{-\frac{t_1}{T}} \tag{5.34}$$

$$y'(t_2) = \frac{KM}{T} e^{-\frac{t_2}{T}} \tag{5.35}$$

つぎに，時刻 t_1 と t_2 での傾きの比を γ とすると

$$\gamma = \frac{y'(t_1)}{y'(t_2)} = \frac{e^{-\frac{t_1}{T}}}{e^{-\frac{t_2}{T}}} = e^{\frac{t_2-t_1}{T}} \tag{5.36}$$

となる．ここで両辺の対数をとれば

$$\log_e \gamma = \frac{t_2 - t_1}{T}$$

$$T = \frac{t_2 - t_1}{\log_e \gamma} \tag{5.37}$$

となる．さらに，点 A と点 B での接線に対する傾き角度を θ_1, θ_2 とすれば

$$\gamma = \frac{\tan \theta_1}{\tan \theta_2} \tag{5.38}$$

の関係がある．よって，式 (5.37) と式 (5.38) より時定数 T が算出できる．ただし，理想的には上式のように算出できるが，実際には雑音や外乱および非線形の影響で正確な値を推定することは困難である．この計算法は大まかな概算方法として覚えておこう．

◇

例題 5.5 1次遅れ系 $G(s) = K/(Ts+1)$ に正弦波入力 $x(t) = A\sin\omega t$ を印加したときの出力 $y(t)$ を求めよ．また，どのような応答となるか示せ．

【解答】 $Y(s)$ をヘヴィサイドの展開定理により部分分数分解をして

$$Y(s) = \frac{K}{Ts+1} \cdot \frac{A\omega}{s^2+\omega^2}$$
$$= \frac{KA}{\omega^2T^2+1}\left(\frac{\omega T^2}{Ts+1} - \frac{s\omega T}{s^2+\omega^2} + \frac{\omega}{s^2+\omega^2}\right) \quad (5.39)$$

となる．ラプラス逆変換により

$$y(t) = \frac{KA}{\omega^2T^2+1}\left(\omega T e^{-\frac{t}{T}} - \omega T\cos\omega t + \sin\omega t\right) \quad (5.40)$$

となる．三角関数の公式によりまとめれば

$$y(t) = \underbrace{\frac{KA\omega T}{\omega^2T^2+1}e^{-\frac{t}{T}}}_{\text{時間経過ではほぼゼロに収束する}} + \frac{KA}{\sqrt{\omega^2T^2+1}}\sin(\omega t+\phi) \quad (5.41)$$

となる．ここで，位相角は $\phi = -\tan^{-1}(\omega T)$ である．

$y(t)$ に含まれる指数関数 $e^{-t/T}$ は時定数 T に関係して $t=\infty$ でゼロに収束する．すなわち，応答は正弦波応答のみになる．この例題は周波数応答で重要な事項であり，詳細は6章で述べる．

◇

5.3　2次遅れ系の過渡特性と定常特性

5.3.1　2次遅れ系の応答

2次遅れ系は，式 (3.26) で示した一般式

$$G(s) = \frac{K}{T^2s^2+2\zeta Ts+1} \quad (5.42)$$

を非振動系と振動系に変形して表現できる．

二つの1次遅れ系が直列接続している非振動系†はおもにプロセス制御の制御対象を表現するために用いられ，振動系は機械系のサスペンション等を表現するために用いられる．

（1）非振動系の応答　　式 (3.29) で示した非振動系

$$G(s) = \frac{Y(s)}{X(s)} = \frac{K_1K_2}{(T_1s+1)(T_2s+1)} \quad (5.43)$$

---

† 装置によっては，単純に二つの部品がそれぞれ1次遅れで表現され，それらの結合として2次系を構成する場合がある．

5.3 2次遅れ系の過渡特性と定常特性

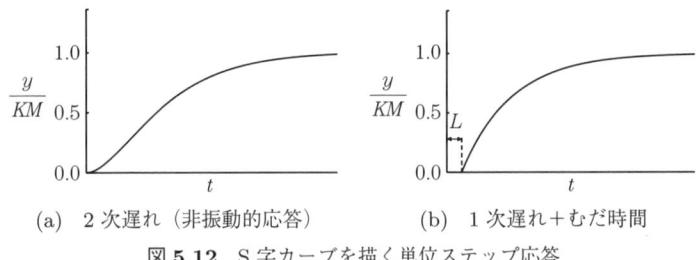

(a) 2次遅れ（非振動的応答）　　(b) 1次遅れ＋むだ時間

図 5.12　S字カーブを描く単位ステップ応答

の伝達関数 $G(s)$ が $\zeta \geq 1$ のとき，単位ステップ入力に対する出力応答は図 5.12(a) のように非振動的となる。

ここで，5.2節の図5.8に示した単純な1次遅れ系の応答と比較しよう。多くの制御対象の応答波形は **S字カーブ** (S-shaped form) を描く。しかし，単純な1次遅れ系ではS字カーブを描かずに実際の実験データと過渡特性の誤差が大きくなる。一方，2次以上の系はS次カーブを描くことができる。なるべく自然界の応答に近づけたいときには2次遅れ系を用いるか，あるいは1次遅れ系にむだ時間を付加したモデルである

$$G(s) = \frac{K}{Ts+1}e^{-Ls} \tag{5.44}$$

を利用することが多い。ここで，L はむだ時間である。1次遅れにむだ時間を付加した過渡応答を図5.12(b) に示す。この応答はむだ時間を含むことでS字カーブを模擬した波形となる。さらに詳しいむだ時間を含んだ高次遅れ系の応答は5.4節で述べる。

（2）振動系の応答　　式 (3.31) で示した振動系

$$G(s) = \frac{K\omega_n{}^2}{s^2 + 2\zeta\omega_n s + \omega_n{}^2} \tag{5.45}$$

の伝達関数 $G(s)$ に，大きさ M のステップ入力を印加しよう。出力 $Y(s)$ は

$$Y(s) = G(s)X(s) = \frac{K\omega_n{}^2}{s^2 + 2\zeta\omega_n s + \omega_n{}^2} \cdot \frac{M}{s} \tag{5.46}$$

となり，時間応答 $y(t)$ は以下のラプラス逆変換により得られる。

$$y(t) = \mathcal{L}^{-1}\left\{\frac{KM\omega_n{}^2}{s(s^2 + 2\zeta\omega_n s + \omega_n{}^2)}\right\}$$

$$= \mathcal{L}^{-1}\left\{\frac{1}{s} \cdot \frac{KM\omega_n^2}{(s-s_1)(s-s_2)}\right\} \tag{5.47}$$

ここで，ラプラス逆変換を行うには { } の中を部分分数に展開し

$$s^2 + 2\zeta\omega_n s + \omega_n^2 = 0 \tag{5.48}$$

を解く．この二つの根を s_1 と s_2 とすれば，ζ の値によって**表 5.2** に示した 3 通りの根の組み合わせがある．そこで，それぞれの場合に分けて応答を調べる．

表 5.2　2 次遅れ系の減衰係数 ζ と応答の関係

ζ の範囲	s_1, s_2 の根	応答の特徴
$0 < \zeta < 1$	s_1 と s_2 は共役複素根	振動（不足制動）
$\zeta = 1$	s_1 と s_2 は等しい実根 ($s_1 = s_2$)	非振動と振動の境目（臨界制動）
$\zeta > 1$	s_1 と s_2 は相異なる実根	非振動（過制動）

（**a**）$0 < \zeta < 1$ **の場合**　　s_1, s_2 は共役複素根となり

$$s_1 = -\zeta\omega_n + j\omega_n\sqrt{1-\zeta^2}, \quad s_2 = -\zeta\omega_n - j\omega_n\sqrt{1-\zeta^2} \tag{5.49}$$

不足制動 (under damping) と呼ばれる振動をしながら減衰する応答になる．すると，時間応答は

$$y(t) = KM\left\{1 - e^{-\zeta\omega_n t}\left(\cos\omega_n\sqrt{1-\zeta^2}t + \frac{\zeta}{\sqrt{1-\zeta^2}}\sin\omega_n\sqrt{1-\zeta^2}t\right)\right\}$$
$$= KM\left\{1 - \frac{e^{-\zeta\omega_n t}}{\sqrt{1-\zeta^2}}\sin(\omega_n\sqrt{1-\zeta^2}t + \phi)\right\} \tag{5.50}$$

となる．ここで，$\phi = \tan^{-1}\sqrt{1-\zeta^2}/\zeta$ である．第 2 項目は指数関数と正弦波関数の掛け算であり，振動を表す正弦波関数が指数関数により時間経過とともに減衰することがわかる．

特に，$\zeta = 0$ のときは

$$y(t) = KM(1 - \cos\omega_n t) \tag{5.51}$$

となり，振動は減衰せずに非減衰固有角周波数 ω_n で**持続振動** (continuous oscillation) あるいは**単振動** (simple harmonic motion) となる．

5.3 2次遅れ系の過渡特性と定常特性

（b）$\zeta = 1$ の場合　　s_1, s_2 は等しい実根となり

$$s_1 = s_2 = -\omega_n \tag{5.52}$$

臨界制動 (critical damping) と呼ばれる振動が生じるかどうかの臨界状態の応答になり，その波形は非振動的である．すると，時間応答は

$$y(t) = KM\{1 - (1 + \omega_n t)e^{-\omega_n t}\} \tag{5.53}$$

となる．

（c）$\zeta > 1$ の場合　　s_1, s_2 は相異なる実根となり

$$s_1 = -\zeta\omega_n + \omega_n\sqrt{\zeta^2 - 1}, \; s_2 = -\zeta\omega_n - \omega_n\sqrt{\zeta^2 - 1} \tag{5.54}$$

過制動 (over damping) と呼ばれる非振動的な応答になる．すると，時間応答は

$$y(t) = KM\left\{1 - e^{-\zeta\omega_n t}\left(\cosh\omega_n\sqrt{\zeta^2 - 1}\,t \right.\right.$$
$$\left.\left. + \frac{\zeta}{\sqrt{\zeta^2 - 1}}\sinh\omega_n\sqrt{\zeta^2 - 1}\,t\right)\right\} \tag{5.55}$$

となる．一般的には式 (5.55) よりも，式 (3.27), (3.28) を用いて式 (5.55) の分母を因数分解して得られる応答式

$$y(t) = KM\left(1 - \frac{T_1}{T_2 - T_1}e^{-\frac{t}{T_1}} - \frac{T_2}{T_2 - T_1}e^{-\frac{t}{T_2}}\right) \tag{5.56}$$

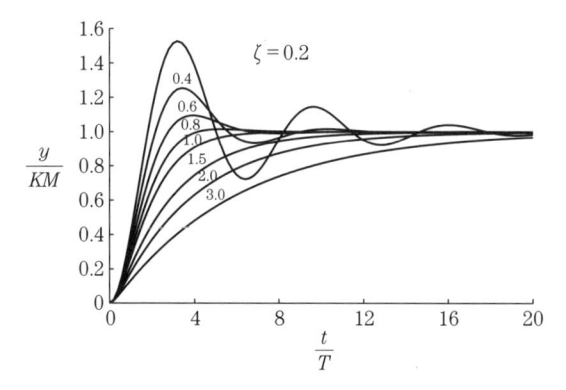

図 **5.13**　2次遅れ系のステップ応答（正規化）

を用いる場合が多い。

図 **5.13** に ζ を変化させたときの 2 次系の時間応答を示す。ただし，時間を $\omega_n t$，出力を KM で正規化してある。多くの減衰振動の制御対象では ζ を 0.4 から 0.8 の間に設定することで，望ましい応答を得ることができる。

5.3.2　過渡応答の特性評価

（1）過渡応答の特性　過渡応答の特性を評価するために，つぎのような用語が定義されている。図 **5.14** は減衰振動の 2 次遅れ系のステップ応答を示している。図中の記号は以下の意味を持ち，制御系の解析と設計に重要な仕様となる。

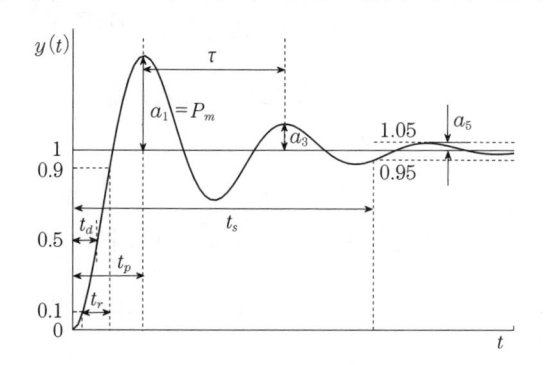

図 **5.14**　減衰振動の特性値（2 次遅れ系のステップ応答波形）

(1)　t_r：立ち上がり時間

最終値の 10% から 90% までに立ち上がるのに要する時間

(2)　t_p：最大行き過ぎ時間

出力が最大ピーク値に到るまでの時間

(3)　t_s：整定時間

出力が減衰して最終値の ±5% または ±2% の範囲内になるために要する時間

(4)　t_d：遅れ時間

出力が最終値の 50% までに立ち上がるのに要する時間

(5)　P_m：行き過ぎ量

行き過ぎ時間における出力の最終値からの振れ幅。パーセント行き過ぎ量

は式 (5.57) で表す。

$$\text{パーセント行き過ぎ量} = \frac{y(t_p) - y(\infty)}{y(\infty)} \times 100\% \tag{5.57}$$

(2) 2次遅れ系の減衰特性 式 (5.50) で表した $0 < \zeta < 1$ のときの正規化された2次遅れ系のステップ応答より，行き過ぎ量と振幅減衰比を求めよう。式 (5.50) において

$$\omega_d = \omega_n \sqrt{1-\zeta^2} \tag{5.58}$$

とおくと，時間応答は

$$y(t) = 1 - \frac{e^{-\zeta\omega_n t}}{\sqrt{1-\zeta^2}} \sin(\omega_d t + \phi) \tag{5.59}$$

となる。この ω_d は減衰するときの2次系の振動周波数であり，**減衰固有振動数** (damped natural frequency) という。減衰しない $\zeta = 0$ のときは $\omega_d = \omega_n$ となる。行き過ぎ時間 t_p を求めるために式 (5.59) を微分すると

$$\frac{dy(t)}{dt} = \frac{\zeta\omega_n e^{-\zeta\omega_n t}}{\sqrt{1-\zeta^2}} \sin(\omega_d t + \phi) - \frac{e^{-\zeta\omega_n t}}{\sqrt{1-\zeta^2}}\omega_d \cos(\omega_d t + \phi) \tag{5.60}$$

$\sin\phi = \sqrt{1-\zeta^2},\ \cos\phi = \zeta$ の関係より

$$\frac{dy(t)}{dt} = \frac{1}{1-\zeta^2}\omega_n e^{-\zeta\omega_n t} \sin\omega_d t \tag{5.61}$$

となる。応答波形で最初のピークは，$dy(t)/dt = 0$ となる $t = 0$ 以外の最初の時点で生じる。これは，$\omega_d t = \pi$ のときである。したがって，行き過ぎ時間 t_p は

$$t_p = \frac{\pi}{\omega_d} \quad \text{または} \quad t_p = \frac{\pi}{\omega_n\sqrt{1-\zeta^2}} \tag{5.62}$$

となる。応答のピーク値は式 (5.60) に $\omega_d t = \pi$ を代入して整理をすると

$$y(t_p) = 1 + e^{-\frac{\zeta}{\sqrt{1-\zeta^2}}\pi} \tag{5.63}$$

となる。行き過ぎ量 P_m は，最終値の1を引くことから

$$P_m = e^{-\frac{\zeta}{\sqrt{1-\zeta^2}}\pi} \quad \text{または} \quad P_m = e^{-\zeta\omega_n t_p} \tag{5.64}$$

と得られる。振動の周期 τ は式 (5.59) より

$$\tau = \frac{2\pi}{\omega_d} \quad \text{または} \quad \tau = \frac{2\pi}{\omega_n\sqrt{1-\zeta^2}} \tag{5.65}$$

となる。行き過ぎ時間 t_p は 1/2 周期に等しいことがわかる。

つぎに，**減衰比** (decay ratio) γ を求める。減衰比とは 1 周期ごとの行き過ぎ量の比で定義される。

$$\gamma = \frac{a_1}{a_3} = \frac{a_3}{a_5} = \cdots = \frac{a_2}{a_4} = \frac{a_4}{a_6} = \cdots = \frac{e^{-\zeta\omega_n(t+\tau)}}{e^{-\zeta\omega_n t}} = e^{-\zeta\omega_n \tau} \tag{5.66}$$

式 (5.65) を代入して

$$\gamma = e^{-\frac{2\zeta}{\sqrt{1-\zeta^2}}\pi} \tag{5.67}$$

となる。**図 5.15** に減衰定数 ζ に対する行き過ぎ量 P_m と減衰比 γ の関係を，**表 5.3** に減衰定数 ζ とパーセント行き過ぎ量 $P_m(\%)$ の関係を示す。

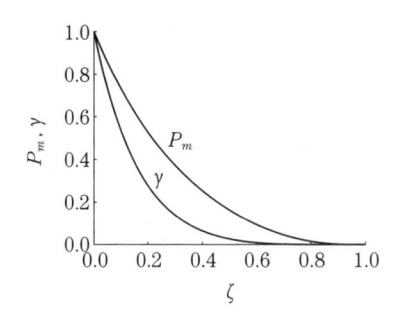

図 5.15 減衰定数 ζ に対する行き過ぎ量 P_m と減衰比 γ の関係

表 5.3 減衰定数 ζ とパーセント行き過ぎ量 $P_m(\%)$ の関係

ζ	0.0	0.2	0.4	0.6	0.8	1.0
$P_m(\%)$	100	52.7	25.4	9.5	1.5	0.0

また，整定時間 t_s と減衰項 $\zeta\omega_n$ の関係から，時定数の 4 倍の時間を経過すると最終値の ±2% に，時定数の 3 倍を過ぎると最終値の ±5% 整定することがわかっている。そこで，整定時間の大まかな推定には

$$t_s \approx \frac{4}{\zeta\omega_n} \quad : \quad \pm 2\%\text{の場合} \tag{5.68}$$

$$t_s \approx \frac{3}{\zeta\omega_n} \quad : \quad \pm 5\%\text{の場合} \tag{5.69}$$

を利用すると便利である。**表 5.4** に 2 次振動系の特徴量を示す。

表 5.4 2 次振動系の特徴量

特徴量	関係式
減衰固有振動数 ω_d	$\omega_d = \omega_n\sqrt{1-\zeta^2}$
行き過ぎ量 P_m	$P_m = e^{-\frac{\zeta}{\sqrt{1-\zeta^2}}\pi}$ または $P_m = e^{-\zeta\omega_n t_p}$
行き過ぎ時間 t_p	$t_p = \dfrac{\pi}{\omega_d}$ または $t_p = \dfrac{\pi}{\omega_n\sqrt{1-\zeta^2}}$
振動周期 τ	$\tau = \dfrac{2\pi}{\omega_d}$ または $\tau = \dfrac{2\pi}{\omega_n\sqrt{1-\zeta^2}}$
減衰比 γ	$\gamma = e^{-\frac{2\zeta}{\sqrt{1-\zeta^2}}\pi}$
整定時間 t_s	$t_s \approx \dfrac{4}{\zeta\omega_n}$: $\pm 2\%$の場合, $t_s \approx \dfrac{3}{\zeta\omega_n}$: $\pm 5\%$の場合

例題 5.6 **図 5.16** の減衰振動系に 10N のステップ入力 $x(t)$ を加えたとき，変位 $y(t)$ の応答が得られた。応答波形からこの系の質量 m [kg]，ばね定数 k [N/m]，粘性減衰係数 ρ [N·s/m] を求めよ。

【解答】 この減衰振動系の伝達関数は

$$G(s) = \frac{Y(s)}{X(s)} = \frac{1}{ms^2 + \rho s + k} = \frac{1}{k} \cdot \frac{\dfrac{k}{m}}{s^2 + \dfrac{\rho}{m}s + \dfrac{k}{m}} \tag{5.70}$$

(a) モデル図 (b) 応答波形

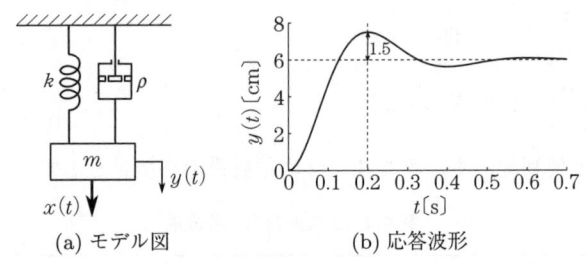

図 5.16 減衰振動系のステップ応答

である．これを一般式 (5.45) にあてはめ，式 (5.71) と係数の比較をすると

$$G(s) = \frac{1}{k} \cdot \frac{\omega_n^2}{s^2 + 2\zeta\omega_n s + \omega_n^2} \tag{5.71}$$

の関係を得る．ただし，$m = k/\omega_n^2$，$\rho = 2\zeta m\omega_n$ である．

正規化された振動系の最終値は 1 であるので，最終値 0.060m で正規化した最大行き過ぎ量は

$$P_m = e^{-\frac{\zeta}{\sqrt{1-\zeta^2}}\pi} = \frac{0.015}{0.060} = 0.250 \tag{5.72}$$

となる．これより

$$\zeta = 0.404 \tag{5.73}$$

と求まる．応答波形より最大行き過ぎ時間 t_p は 0.2 秒であるので

$$t_p = \frac{\pi}{\omega_n\sqrt{1-\zeta^2}} \tag{5.74}$$

より，$\omega_n = 17.169$ 〔rad/s〕となる．最終値の定理は

$$y(\infty) = \lim_{s \to 0} sY(s) = \lim_{s \to 0} sG(s)X(s) = \lim_{s \to 0} sG(s)\frac{M}{s} = \frac{M}{k} \tag{5.75}$$

であり，応答波形より最終値は 0.060m および $M = 10.000$〔N〕より，$k = 166.667$〔N/m〕となる．また質量と粘性減衰係数は

$$\begin{aligned} m &= \frac{k}{\omega_n^2} = 0.565 \quad \text{〔kg〕} \\ \rho &= 2\zeta m\omega_n = 7.838 \quad \text{〔N·s/m〕} \end{aligned} \tag{5.76}$$

となる．以上のように，応答波形が得られると各定数が計算できる．

◇

5.4 高次系の過渡応答

5.4.1 むだ時間要素

むだ時間要素に入力信号 $x(t)$ を印加すると出力信号 $y(t)$ は一定時間遅れた応答になる。むだ時間要素の単位ステップ応答は図 **5.17** となる。

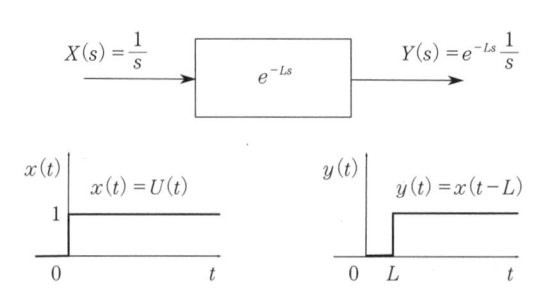

図 5.17 むだ時間要素の単位ステップ応答

むだ時間の伝達関数は

$$G(s) = \frac{Y(s)}{X(s)} = e^{-Ls} \tag{5.77}$$

で表される。むだ時間を簡単に指数関数で表現できるということは制御対象をラプラス変換を用いて記述する理由の一つといえる。しかしながら，指数関数は超越関数であり，零点と極からなる s の分数式で表現ができない。このため，むだ時間の解析解を求めるために有理関数近似が用いられる。代表的な方法はパディ(Pade)近似である。パディ近似はマクローリン展開し，必要ないくつかの項を有理関数で近似したものである。e^{-Ls} をマクローリン展開すると

$$e^{-Ls} = 1 - Ls + \frac{(Ls)^2}{2!} - \frac{(Ls)^3}{3!} + \frac{(Ls)^4}{4!} - \frac{(Ls)^5}{5!} + \cdots \tag{5.78}$$

となる。このとき，1次のパディ近似 $G_{L_1}(s)$ は

$$e^{-Ls} \approx G_{L_1}(s) = \frac{1 - \dfrac{L}{2}s}{1 + \dfrac{L}{2}s} \tag{5.79}$$

となり，2 次のパディ近似 $G_{L_2}(s)$ は

$$e^{-Ls} \approx G_{L_2}(s) = \frac{1 - \dfrac{L}{2}s + \dfrac{L^2 s^2}{12}}{1 + \dfrac{L}{2}s + \dfrac{L^2 s^2}{12}} \tag{5.80}$$

となる。

例題 5.7 式 (5.79) の 1 次のパディ近似 $G_{L_1}(s)$ は，式 (5.78) のマクローリン展開の第何項までを正確に近似したものか考察せよ。

【解答】 式 (5.79) の分子を分母で割り，さらに余りを商として余りを分母で割り算する。これを繰り返せば

$$G_{L_1}(s) = 1 - Ls + \frac{(Ls)^2}{2} - \frac{(Ls)^3}{4} \cdots \tag{5.81}$$

となる。式 (5.78) と (5.81) を比較をすると，第 3 項までが一致していることがわかる。

$\diamondsuit$

1 次のパディ近似は，Ls が大きくなると第 4 項以降の誤差が大きくなる。6 章で説明する周波数伝達関数（$s = j\omega$ とする）から，Ls が小さいときに式 (5.79) は良い近似を与える。2 次のパディ近似は s の次数が 5 次程度まで良い近似を与える。1 次遅れ系に 1 次と 2 次のパディ近似を付加したステップ応答を図 5.18 に示す。1 次のパディ近似 G_{L_1} は右半平面に零点を持つため，6 章

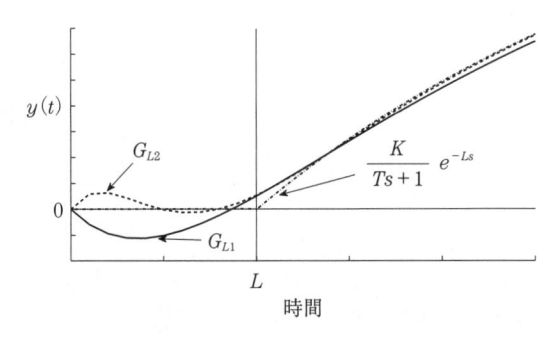

図 5.18　1 次遅れ系＋パディ近似（1 次近似 G_{L_1} と 2 次近似 G_{L_2}）のステップ応答

の遅れ要素（非最小位相系）となり，逆ぶれの応答となる．2次のパディ近似 G_{L_2} は右半平面に1対の共役複素数の零点を持つため，振動的な応答となる．振動的な応答となることで1次のパディ近似よりも正確な応答が得られる．

5.4.2 高 次 系

本節では，5.4.1節のむだ時間を用いた高次系の過渡応答に対して n 次遅れ系を用いる方法†を示す．n 個の等しい時定数を含む n 次システムを

$$G(s) = \frac{K}{\left(\dfrac{T}{n}s+1\right)^n} \tag{5.82}$$

と表現する．大きさ M のステップ入力に対する出力応答は

$$y(t) = KM\left\{1 - e^{\frac{-nt}{T}}\sum_{i=0}^{n-1}\frac{\left(\dfrac{nt}{T}\right)^i}{i!}\right\} \tag{5.83}$$

となる．図 5.19 に次数 n を変化させたときのステップ応答を示す．次数 n を増大させると大きさ T のむだ時間が近似できる．$n = \infty$ のとき e^{-Ts} の応答となる．

現実の制御対象では，むだ時間のないシステムが多段に直列接続された装置

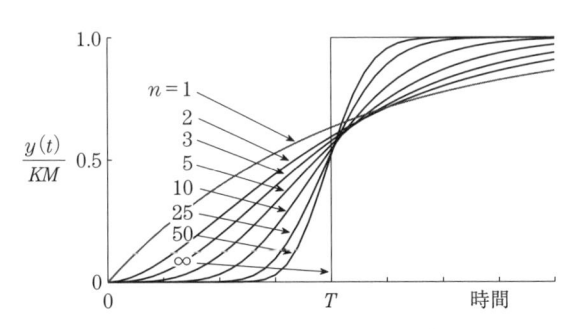

図 5.19　n 個の等しい時定数を含む n 次システム

---

† 本節の高次系は，低次モデルを基にした設計法の性能を比較する場合や，むだ時間 e^{-Ls} の近似を用いずに過渡応答を解析する場合などによく用いられる．

が存在する。例えば，制御対象に電圧変換部や計測部等の信号伝達部が追加される場合，ネットワーク接続等の伝送部が追加される場合，液体タンクの多段カスケード接続される場合，などがある。このようなサブシステムによるむだ時間は複数の小さな時定数の和の近似と考えることができる。例えば，対象が時定数 $(T_1, T_2, \cdots, T_n)$ からなる n 個の1次遅れプロセスの直列接続で構成されて，その中の一つの時定数 T_1 が他よりも大きく支配的であるならば，この伝達関数は

$$G(s) = \frac{1}{T_1 s + 1} e^{-Ls}, \quad ただし \quad L = \sum_{i=2}^{n} T_i \tag{5.84}$$

と近似できる。

厳密な過渡応答の解析をする際，式 (5.83) と (5.84) を用いることで，図 5.13(b) の真のむだ時間（むだ時間の間に出力がゼロ）の過渡応答ではなく，図 5.19 の実際の制御対象により近い応答が実現できる。

例題 5.8 式 (5.85) の高次系を1次遅れ系に近似せよ。

$$G(s) = \frac{K(1+sT_1)(1+sT_2)}{(1+sT_3)(1+sT_4)(1+sT_5)(1+sT_6)} e^{-sL} \tag{5.85}$$

【解答】 各時定数とむだ時間は

$$T = T_3 + T_4 + T_5 + T_6 - T_1 - T_2 - L > 0 \tag{5.86}$$

であり，$L \ll T$ の場合には

$$G(s) = \frac{K}{Ts+1} \tag{5.87}$$

の1次遅れ系に近似できる。8章で示す PID 補償器の設計では，低次のモデルが利用される。本例題のようにおおまかな近似を行うことで PID 補償器を簡易に調整できる場合がある。この例題は，モデルの極と零点，代表根，周波数応答，遅れ進み要素と関係がある事項である。対応する各章を学習後に再び考察をしてもらいたい。

◇

章 末 問 題

【1】 つぎの伝達関数を持つシステムの単位ステップ応答を求めよ。

(1) $G(s) = \dfrac{5}{0.5s+1}$ (5.88)

(2) $G(s) = \dfrac{1+s}{(1+2s)(4+s)}$ (5.89)

(3) $G(s) = \dfrac{1+2s}{s(2+s)}$ (5.90)

(4) $G(s) = \dfrac{10}{s^2+4s+4}$ (5.91)

(5) $G(s) = \dfrac{K}{Ts+1}e^{-Ls}$ (5.92)

(6) $G(s) = \dfrac{K}{(T_1s+1)(T_2s+1)}e^{-Ls}$ (5.93)

【2】 線形システムに単位インパルス入力を印加して,以下の時間応答が得られた。システムの伝達関数を求めて単位ステップ応答を求めよ。

$$g(t) = \dfrac{6}{5}\left(e^{-t} - e^{-6t}\right)$$ (5.94)

【3】 図 5.20 のシステムについて,単位ステップ入力 $X(s)$ を印加したときの出力 $Y(s)$ を考える。
(1) $K=1$ のときの減衰定数 ζ を求めよ。
(2) $\zeta = 0.4$ にするには K はいくらにすればよいか。

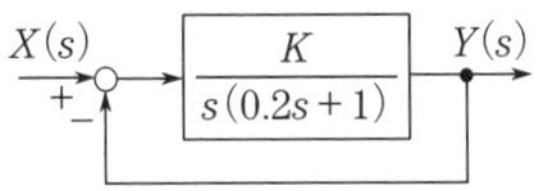

図 5.20 閉ループ系

【4】 例題 5.6 のダシュポット・ばね・質量系の応答が振動する条件を示せ。

【5】 伝達関数が以下で与えられるとき,代表根を求めて 1 次の近似モデルを算出せよ。また,その単位ステップ応答を求めよ。

$$G(s) = \dfrac{90s+100}{(s+1)(s+5)(s+20)}$$ (5.95)

6 システムの周波数応答

6.1 周波数応答とは

5章までは，ラプラス変換を用いて制御対象を伝達関数で表現し，過渡応答を求めた．本章では，周波数応答または周波数伝達関数を用いて制御対象の応答を表現する．入力に正弦波が印加されたとき，出力はどのような応答になるのか？過渡特性から定常特性としての周波数応答が得られる原理を知ることが本章のポイントとなる．つぎに，この性質を利用して周波数に対する入出力間の特性を表現する方法を学ぶ．これらは制御対象の解析や補償器の設計によく利用される．

6.1.1 周波数応答の基本特性

5章の例題 5.5 の 1 次遅れ系に正弦波を入力した過渡応答を再び学習しよう．1 次遅れ系に正弦波 $x(t) = A\sin\omega t$ を入力すると出力応答は

$$y(t) = \frac{KA}{\omega^2 T^2 + 1}\left(\omega T e^{-\frac{t}{T}} - \omega T \cos\omega t + \sin\omega t\right) \tag{6.1}$$

となる．ある平衡状態からつぎの平衡状態へ移るとき，十分に長い時間が経過すれば，式 (6.1) の指数関数の項はほぼゼロに収束する．よって，式 (6.1) は

$$y(t) = \frac{KA}{\sqrt{\omega^2 T^2 + 1}}\sin(\omega t + \phi) \tag{6.2}$$

となる．ここで，位相角 $\phi = -\tan^{-1}(\omega T)$ である．この定常応答を**周波数応**

6.1 周波数応答とは

答 (frequency response) という。この正弦波入力 $x(t)$ と正弦波出力 $y(t)$ の各係数を比較すれば，周波数応答の由縁となる以下の大切な性質がわかる。

(1) 出力の正弦波は，入力の正弦波と 等しい周波数 である。
(2) 位相ずれが生じて，その程度は 入力の周波数 で決定される。
(3) 出力の振幅に変化が生じて，その程度は 入力の周波数 で決定される。

周波数応答も 5 章の過渡応答と同様に，各要素の定数 $K = 1$ で正規化して，入出力の変化を調べる。式 (6.2) では，1 次遅れ系の比例定数 $K = 1$ で正規化する。また，系が不安定な場合，正弦波入力を印加すれば出力は不安定になるので周波数応答は存在しない。それでは，周波数応答を周波数伝達関数から求める方法を述べる。

これより，任意の安定な伝達関数として n 次遅れ系を用い，周波数応答を求める簡単な方法を導こう。n 次遅れ系 $G(s)$ に振幅 A_{in}，周波数 ω の正弦波入力 $X(s)$ を印加すると出力応答は

$$Y(s) = G(s)X(s) = \frac{N(s)}{(s+a_1)(s+a_2)\cdots(s+a_n)} \frac{A_{in}\omega}{s^2+\omega^2} \quad (6.3)$$

となる。ここで，a_i は実数または複素数であり，実数部は正とする。$N(s)$ は $G(s)$ の分子の多項式である。式 (6.3) の部分分数展開を行うと

$$Y(s) = \frac{b_1}{s+a_1} + \frac{b_2}{s+a_2} + \cdots + \frac{b_n}{s+a_n} + \frac{Cs+D}{s^2+\omega^2} \quad (6.4)$$

となる。時間応答 $y(t)$ を求めるためにラプラス逆変換を施す。第 n 項までの指数関数は a_i の実数部が正であるので，十分に時間が経過するとほぼゼロに収束する。$y(t)$ は最終項 $(Cs+D)/(s^2+\omega^2)$ のみが残り，減衰なしの正弦波応答となる。定数 C と D を求めるため，式 (6.4) にヘヴィサイドの展開定理を適用する。第 n 項までは最終的にゼロとなるので，これらの項は無視できて

$$Y(s) = \frac{Cs+D}{s^2+\omega^2} \quad (6.5)$$

の項のみを考えればよい。ヘヴィサイドの展開定理より $Y(s)$ に $(s^2+\omega^2)$ を乗じて $s = j\omega$ を代入すると，つぎの関係式 (6.6) が得られる。

$$G(s)A_{in}\omega|_{s=j\omega} = (Cs + D)|_{s=j\omega} \tag{6.6}$$

これより

$$G(j\omega) = \frac{1}{A_{in}\omega}(Cj\omega + D) = \frac{D}{\omega A_{in}} + j\frac{C}{A_{in}} \tag{6.7}$$

を得る。$G(j\omega)$ を複素数として

$$G(j\omega) = \mathrm{Re} + j\mathrm{Im} \tag{6.8}$$

とおく。Re と Im は $G(j\omega)$ の**実数部** (real part) と**虚数部** (imaginary part) である。$\mathrm{Re} = D/\omega A_{in}$, $\mathrm{Im} = C/A_{in}$ の関係を出力応答 $y(t)$ にあてはめると

$$y(t) = C\cos\omega t + \frac{D}{\omega}\sin\omega t = A_{in}(\mathrm{Im}\cos\omega t + \mathrm{Re}\sin\omega t) \tag{6.9}$$

となる。さらに，三角関数の公式を用いて整理をすると

$$y(t) = A_{out}\sin(\omega t + \phi) \tag{6.10}$$

となる。ここで

$$A_{out} = A_{in}\sqrt{\mathrm{Re}^2 + \mathrm{Im}^2} \tag{6.11}$$

$$\phi = \tan^{-1}\left(\frac{\mathrm{Im}}{\mathrm{Re}}\right) \tag{6.12}$$

である。

また，複素関数の極座標表示を用いると，$G(j\omega)$ は

$$G(j\omega) = |G(j\omega)|e^{j\phi} = |G(j\omega)|(\cos\phi + j\sin\phi) \tag{6.13}$$

と表現される。複素平面における $G(j\omega)$ の大きさは $|G(j\omega)|$ であり，ϕ は偏角である。この大きさと偏角を式 (6.11) と式 (6.12) に対応させると，入出力の振幅比は

$$\frac{A_{out}}{A_{in}} = |G(j\omega)| = \sqrt{\mathrm{Re}^2 + \mathrm{Im}^2} \tag{6.14}$$

となる。$|G(j\omega)|$ を周波数 ω における**振幅比**と呼び絶対値で表す。

入出力の位相ずれは

$$\phi = \angle G = \tan^{-1}\left(\frac{\text{Im}}{\text{Re}}\right) \tag{6.15}$$

となり，ϕ を **位相角** (phase) と呼ぶ．振幅比と位相ずれは入力正弦波の振幅とは独立変数であることがわかる．$G(j\omega)$ を **周波数伝達関数** (frequency transfer function) あるいは前述した周波数応答と呼ぶ．

以上から，周波数応答（振幅比と位相ずれ）を求めるには，過渡特性の解析をするまでもなく，伝達関数から式 (6.14) と式 (6.15) を用いて計算できる．周波数応答を求める計算手順はつぎのとおりである．

1) $G(s)$ に $s=j\omega$ を代入する．
2) $G(j\omega) = \text{Re} + j\text{Im}$ の形に有理化する．
3) 式 (6.14) と式 (6.15) より振幅と位相ずれを求める．

例題 6.1 各要素の周波数伝達関数と振幅比および位相差を求めよ．

1. 積分要素

$$G(s) = \frac{1}{Ts} \tag{6.16}$$

2. 1次遅れ要素

$$G(s) = \frac{1}{1+Ts} \tag{6.17}$$

3. むだ時間要素

$$G(s) = e^{-Ls} \tag{6.18}$$

【解答】

1. 積分要素

   $s=j\omega$ を代入して有理化すると

$$G(j\omega) = \frac{1}{j\omega T} = -\frac{j\omega T}{(\omega T)^2} = -\frac{j}{\omega T} \tag{6.19}$$

となる．$G(j\omega)$ の実数部および虚数部は

$$\text{Re} = 0, \quad \text{Im} = -\frac{1}{\omega T} \tag{6.20}$$

となる。以上より

$$|G(j\omega)| = \sqrt{\text{Re}^2 + \text{Im}^2} = \frac{1}{\omega T} \tag{6.21}$$

$$\angle G(j\omega) = \tan^{-1}\frac{\text{Im}}{\text{Re}} = -\frac{\pi}{2} \tag{6.22}$$

と求められる。

2. 1次遅れ要素

$$G(j\omega) = \frac{1}{1 + j\omega T} = \frac{1 - j\omega T}{(1 + j\omega T)(1 - j\omega T)} = \frac{1 - j\omega T}{1 + (\omega T)^2} \tag{6.23}$$

$$\text{Re}\,[G(j\omega)] = \frac{1}{1 + (\omega T)^2}, \quad \text{Im}\,[G(j\omega)] = \frac{-\omega T}{1 + (\omega T)^2} \tag{6.24}$$

以上より

$$|G(j\omega)| = \frac{1}{\sqrt{1 + (\omega T)^2}} \tag{6.25}$$

$$\angle G(j\omega) = -\tan^{-1}(\omega T) \tag{6.26}$$

となり，式 (6.2) の1次遅れ系の応答から得られる振幅比を1次遅れ系の定数 $KA = 1$ で正規化すれば，本例題の振幅比と同様な結果となる。

3. むだ時間要素

式 (6.18) に $s = j\omega$ を代入し，オイラーの公式を用いて

$$e^{-j\omega L} = \cos(\omega L) - j\sin(\omega L) \tag{6.27}$$

という周期関数に展開する。式 (6.27) より

$$\text{Re}\{G(j\omega)\} = \cos(\omega L), \quad \text{Im}\{G(j\omega)\} = -\sin(\omega L) \tag{6.28}$$

となるので

$$|G(j\omega)| = 1 \tag{6.29}$$

$$\angle G(j\omega) = \tan^{-1}\{-\tan(\omega L)\} = -\omega L \tag{6.30}$$

と求められる。振幅比は ω に無関係で一定であり，位相差のみが ω に比例する。周波数伝達関数を用いたこの算出法は，むだ時間も解析できることから非常に強力な道具であるといえる。

◇

周波数伝達関数 $G(j\omega)$ を用いると簡単に周波数応答を解析できることがわかった。複雑な制御対象の場合には，以下の関係を利用することで有理化する計算の手間を減らし，周波数応答を求めることができる。複数の要素が結合された伝達関数が

$$G(s) = \frac{G_1(s)G_2(s)G_3(s)\cdots}{G_a(s)G_b(s)G_c(s)\cdots} \tag{6.31}$$

となる場合に，式 (6.31) に $s = j\omega$ を代入すると，周波数伝達関数は

$$G(j\omega) = \frac{G_1(j\omega)G_2(j\omega)G_3(j\omega)\cdots}{G_a(j\omega)G_b(j\omega)G_c(j\omega)\cdots} \tag{6.32}$$

となる。このとき

$$|G(j\omega)| = \frac{|G_1(j\omega)||G_2(j\omega)||G_3(j\omega)|\cdots}{|G_a(j\omega)||G_b(j\omega)||G_c(j\omega)|\cdots} \tag{6.33}$$

$$\angle G(j\omega) = \angle G_1(j\omega) + \angle G_2(j\omega) + \angle G_3(j\omega) + \cdots$$
$$- \{\angle G_a(j\omega) + \angle G_b(j\omega) + \angle G_c(j\omega) + \cdots\} \tag{6.34}$$

となる。すなわち，振幅比は各要素の振幅比の「積・商」となり，位相差は各要素の位相差の「和・差」で求めることができる。

例題 6.2 2次遅れ＋むだ時間の伝達関数

$$G(s) = \frac{K}{(T_1 s + 1)(T_2 s + 1)} e^{-Ls} \tag{6.35}$$

の振幅比と位相差を求めよ。

【解答】 与えられた伝達関数 $G(s)$ は，四つの要素からなる。

$$G_1(s) = K \tag{6.36}$$
$$G_2(s) = T_1 s + 1 \tag{6.37}$$
$$G_3(s) = T_2 s + 1 \tag{6.38}$$
$$G_4(s) = e^{-Ls} \tag{6.39}$$

それぞれに $s = j\omega$ を代入して，各要素の振幅と位相差を別々に求める。

$$|G_1(j\omega)| = K \quad , \quad \angle G_1(j\omega) = 0 \tag{6.40}$$
$$|G_2(j\omega)| = \sqrt{\omega^2 T_1{}^2 + 1}, \quad \angle G_2(j\omega) = \tan^{-1}(\omega T_1) \tag{6.41}$$
$$|G_3(j\omega)| = \sqrt{\omega^2 T_2{}^2 + 1}, \quad \angle G_3(j\omega) = \tan^{-1}(\omega T_2) \tag{6.42}$$
$$|G_4(j\omega)| = 1 \quad , \quad \angle G_4(j\omega) = -\omega L \tag{6.43}$$

式 (6.34), (6.34) より

$$\begin{aligned}|G(j\omega)| &= \frac{|G_1(j\omega)||G_4(j\omega)|}{|G_2(j\omega)||G_3(j\omega)|} \\ &= \frac{K \cdot 1}{\sqrt{\omega^2 T_1{}^2 + 1}\sqrt{\omega^2 T_2{}^2 + 1}}\end{aligned} \tag{6.44}$$

$$\begin{aligned}\angle G(j\omega) &= \angle G_1(j\omega) + \angle G_4(j\omega) - (\angle G_2(j\omega) + \angle G_3(j\omega)) \\ &= -\omega L - \tan^{-1}(\omega T_1) - \tan^{-1}(\omega T_2)\end{aligned} \tag{6.45}$$

となる。

◇

6.2 周波数特性の図式表示

6.2.1 ベクトル軌跡

振幅比 $|G(j\omega)|$ は複素ベクトルの大きさに対応し, 位相差 $\angle G(j\omega)$ は偏角に対応することを先に示した。周波数伝達関数は周波数 ω について, 式 (6.14)

表 6.1 1 次遅れ要素の振幅比および位相

$T\omega$	$|G(j\omega)|$	$\angle G(j\omega)$ 〔°〕
0.0	1.000	0.0
0.1	0.995	-5.7
0.2	0.981	-11.3
0.3	0.958	-16.8
0.5	0.894	-26.6
1.0	0.707	-45.0
2.0	0.447	-63.4
3.0	0.316	-71.6
5.0	0.196	-78.7
10.0	0.099 5	-84.3
⋮	⋮	⋮
∞	0	-90.0

と式 (6.15) から振幅比と位相差を求めることができる．そこで，複素平面（s 平面）に ω を 0 から ∞ まで変化させたベクトルを描き，そのベクトルの先端を曲線で結ぶと軌跡が描かれる．このようにして得られる軌跡は**ベクトル軌跡** (vector locus)，または**ナイキスト線図** (Nyquist's diagram) と呼ばれる．

例えば，式 (6.25)，(6.26) で示した 1 次遅れ要素の振幅比および位相差のベクトル軌跡は，ωT を変数として求めると**表 6.1** のデータが得られて，**図 6.1** に示した半円状の軌跡となる．

(a) $\dfrac{1}{Ts+1}$ のベクトル軌跡

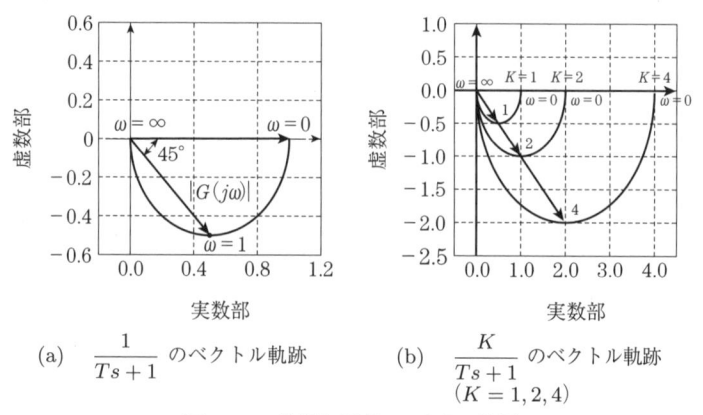

(b) $\dfrac{K}{Ts+1}$ のベクトル軌跡 ($K=1,2,4$)

図 6.1 1 次遅れ要素のベクトル線図

6.2.2 ボード線図

振幅比の周波数特性を表示するとき，大きさ（絶対値）で表すのではなくゲイン（利得）g で表示するのが普通である．ゲイン g はデシベルを単位として

$$g = 20\log|G(j\omega)| \quad [\text{dB}] \tag{6.46}$$

と表される．**ボード線図** (Bode diagram) とは，横軸に周波数 ω を対数目盛，縦軸にゲイン g および位相角 ϕ をとり，2 本の特性曲線を 1 組として表した線図のことである．振幅比とデシベルの関係を**表 6.2** に示す．振幅比 1 のときデシベルは 0dB となる．振幅比が 10 倍，100 倍に相当するとき，デシベルは 20dB, 40dB となる．基本となる要素のボード線図について説明していこう．

表 6.2 振幅比とデシベルの関係

振幅比： $\|G(j\omega)\| = \dfrac{\|A_{out}\|}{\|A_{in}\|}$	0.1	1	$\sqrt{2}$	2	10	100
デシベル値： $20\log_{10}\|G(j\omega)\|$	-20dB	0dB	3dB	6dB	20dB	40dB

（1）積分要素　　周波数伝達関数は

$$G(j\omega) = \frac{1}{j\omega T} \tag{6.47}$$

であるから，ゲイン g と位相角 ϕ は

$$g = -20\log_{10}(\omega T) \tag{6.48}$$

$$\phi = -90°（一定） \tag{6.49}$$

となる。ゲイン g は ω が 10 倍増すごとに 20dB 減少する。すなわち，-20 dB/dec[†]の直線になる。

（2）微分要素　　微分要素の周波数伝達関数は

$$G(j\omega) = j\omega T \tag{6.50}$$

であるから，ゲイン g と位相角 ϕ は

$$g = 20\log_{10}(\omega T) \tag{6.51}$$

$$\phi = 90°（一定） \tag{6.52}$$

となる。ゲイン g は ω が 10 倍増すごとに 20dB 増加する。すなわち，20 dB/dec の直線になる。微分要素は積分要素と逆の関係にある。

図 6.2 に積分要素 $1/Ts^n$ と微分要素 Ts^n ボード線図を示す。次数 ($n = 1, 2, 3$) が増える度にゲインの傾きが20dB/dec ずつ増えている。また，角周波数 $\omega = 1/T$ において，ゲインの直線と 0dB の基準線が交わる。位相曲線は，積分要素と微分要素が $0°$ を軸に上下反転した関係になる。

[†] 1dec(decade) とは周波数の 10 倍を単位とする記号

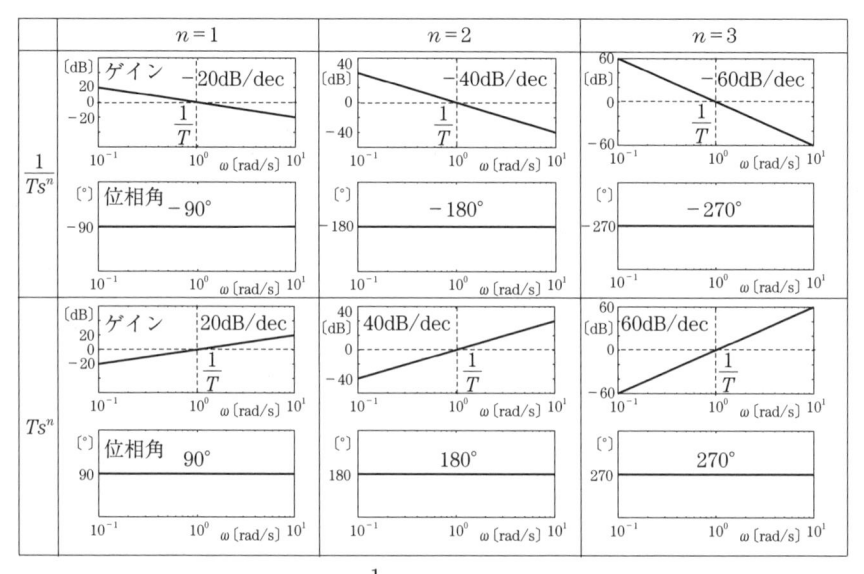

図 6.2　積分要素 $\dfrac{1}{Ts^n}$ と微分要素 Ts^n のボード線図

（3）1次遅れ系　1次遅れ系 $K/(Ts+1)$ の周波数伝達関数は

$$G(j\omega) = \frac{K}{1+j\omega T} \tag{6.53}$$

であるから，$K=1$ のとき，ゲイン g と位相角 ϕ は

$$g = -20\log_{10}\sqrt{1+(\omega T)^2} \tag{6.54}$$

$$\phi = -\tan^{-1}(\omega T) \tag{6.55}$$

となる．図 **6.3** にボード線図を示す．これより，図 6.3 のボード線図の特性を調べよう．低周波領域 $(\omega \ll 1/T)$ において，ゲインと位相角は

$$g \approx 0 \,[\mathrm{dB}] \tag{6.56}$$

$$\phi \approx 0^\circ \tag{6.57}$$

となる．すなわち，1次遅れ系では低周波領域において位相角は非常に小さな値となる．高周波領域 $(\omega \gg 1/T)$ において，ゲインと位相角は

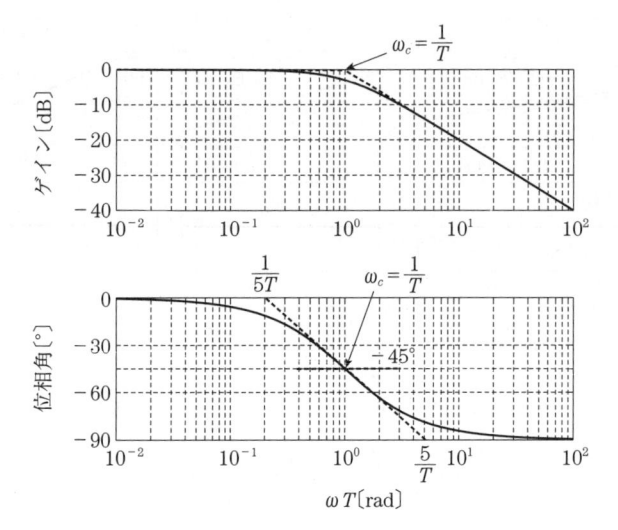

図 **6.3** 1次遅れ系のボード線図 $(K = 1)$

$$g \approx -20 \log(\omega T) \tag{6.58}$$

$$\phi \approx -90° \tag{6.59}$$

となる。すなわち，ゲインは無限に小さくなり，位相角は最大の 90° に近づく。図 6.3 に示した折線近似は，低周波領域 ω_l と高周波領域 ω_h に分けゲイン $g(\omega_l)$, $g(\omega_h)$

$$g(\omega_l) = 20 \log |G(j\omega_l)| = 20 \log 1 = 0 \, [\text{dB}] \tag{6.60}$$

$$g(\omega_h) = 20 \log |G(j\omega_h)| = 20 \log \frac{1}{\omega_h T} = -20 \log \omega_h T \tag{6.61}$$

として書ける。この二つの漸近線は周波数 $\omega_c = 1/T$ で交わる。この周波数は，**折点周波数** ω_c (break frequency) と呼ばれる。この点でのゲイン $g(\omega_c)$ の値は

$$g(\omega_c) = 20 \log \frac{1}{\sqrt{1+1}} = -3 \, [\text{dB}] \tag{6.62}$$

となる。これはゲイン曲線が平坦部分 (0dB) から 3dB 下がることを意味している。3dB 下がる周波数は**遮断周波数** (cut-off frequency) と呼ばれる。1 次

遅れ系では折点周波数と遮断周波数は同じ周波数になる。

位相曲線は $0°$ から下がり，折点周波数で

$$\phi(\omega = \omega_c) = \tan^{-1}(-1) = -45° \tag{6.63}$$

となり点対称を示す。$-45°$ の変曲点を通る接線が基準線 $0°$ と $90°$ と交わる点は，$\omega = 1/5T$ と $\omega = 5/T$ となる。

図 **6.4** に 1 次遅れ系 $K/(Ts+1)$ の時定数 T または定数 K を変化させたときのボード線図を示す。時定数 T を変化させると，ゲイン g および位相角 $\angle G(j\omega)$ は，折点周波数 $(1/T)$ が変化して横軸方向への平行移動が起こる。定数 K を変化させると，ゲイン g は縦軸方向への平行移動となる。これは，定数 K で正規化して大きさ 1 の $|G(j\omega)|$ に比例して変化が起こる。位相角は定数 K の変化によらずに変化はない。

(4) **2次遅れ系** 2次遅れ系の定数 $K=1$ で正規化された周波数伝達関数は

$$G(j\omega) = \frac{1}{T^2 s^2 + 2\zeta T s + 1} \tag{6.64}$$

であるから，ゲイン g と位相角 ϕ は

$$g = -20\log_{10}\sqrt{\{1-(\omega T)^2\}^2 + (2\zeta\omega T)^2} \tag{6.65}$$

$$\phi = -\tan^{-1}\left\{\frac{2\zeta\omega T}{1-(\omega T)^2}\right\} \tag{6.66}$$

となる。式 (6.66) の解は $180°$ の整数倍を含むために無数個の解となるが，2次遅れ系の範囲 $-180° < \phi < 0°$ で取り扱う。図 **6.5**(a) に $\zeta > 1$ の非振動系，図 (b) に $0 < \zeta < 1$ の振動系のボード線図を示す。2次遅れ系の低周波領域における特性は，1次遅れ系の低周波特性と同じである。高周波領域のゲイン g は

$$g = 20\log|G(j\omega)| \approx 20\log\frac{1}{(\omega T)^2} = -40\log\omega T \tag{6.67}$$

$$\phi \approx -180° \tag{6.68}$$

となる。したがって，高周波領域でのゲインは -40 dB/dec となる。

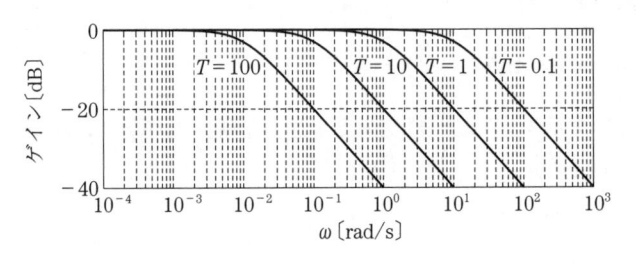

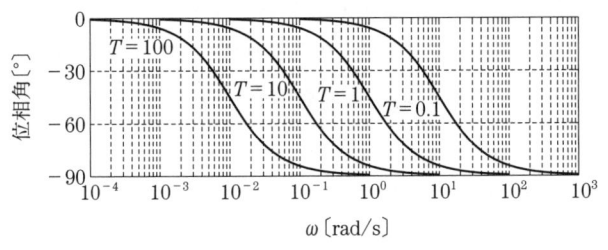

(a) 時定数 T を変化させた場合

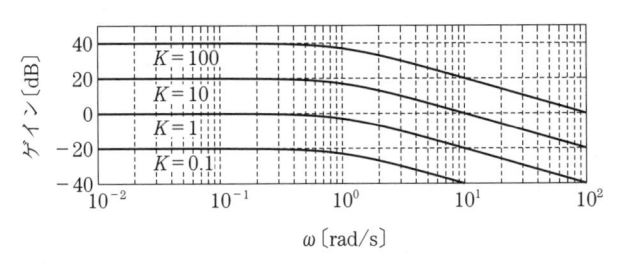

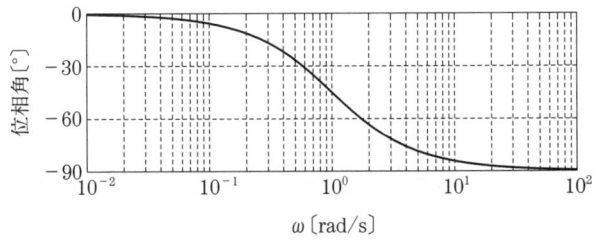

(b) 定数 K を変化させた場合

図 6.4　1 次遅れ系 $\dfrac{K}{Ts+1}$ のボード線図

(a) 非振動系 ($\zeta > 1$) の場合

(b) 振動系 ($0 < \zeta < 1$) の場合

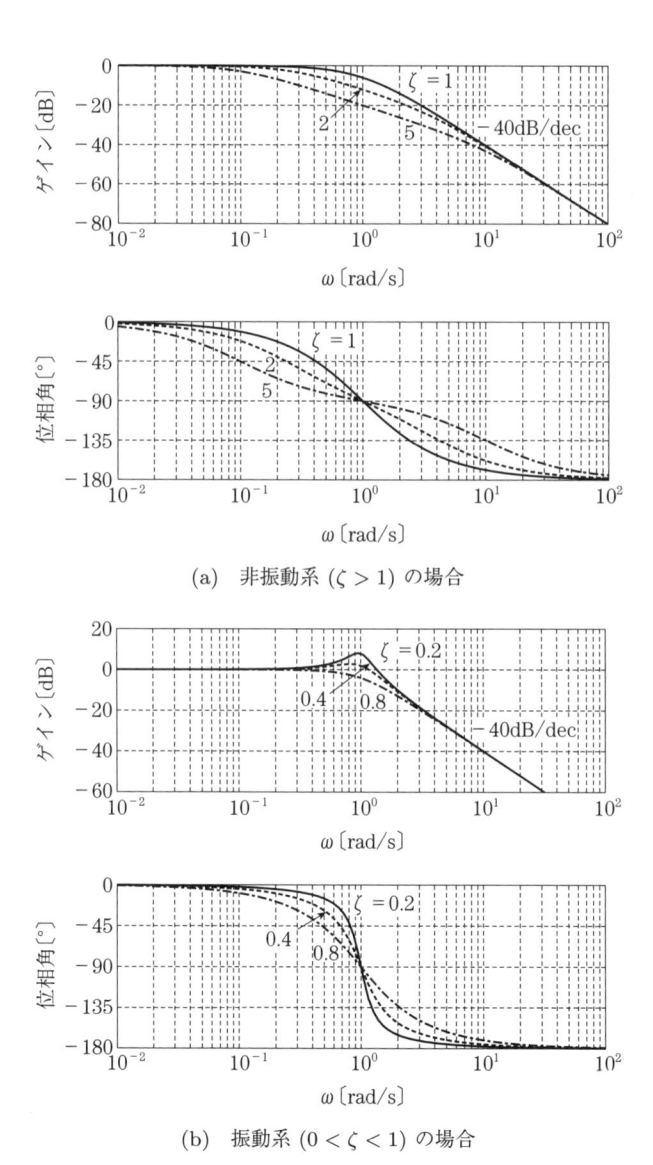

図 **6.5** 2 次遅れ系のボード線図

振動系では，$0 < \zeta < (\sqrt{2}/2)$ の範囲において，ゲイン g に**ピーク値** (peak value) を持っている。これらは

$$\text{ピーク値のゲイン } g = 20\log|G(j\omega_p)|$$
$$= -20\log(2\zeta\sqrt{1-\zeta^2}) \ \text{[dB]} \tag{6.69}$$

ただし，$|G(j\omega_p)| = \dfrac{1}{2\zeta\sqrt{1-\zeta^2}}$

$$\text{共振周波数：} \omega_p = \frac{\sqrt{1-2\zeta^2}}{T} \tag{6.70}$$

となる。入力正弦波を加えたときに出力が最大の振幅を持つことから，**共振周波数** (resonance frequency) と呼ばれる。

（5）むだ時間要素 むだ時間要素の周波数伝達関数は

$$G(j\omega) = e^{-j\omega L} \tag{6.71}$$

であるから，ゲイン g と位相角 ϕ は

$$g = 20\log|G(j\omega)| = 0 \ \text{[dB]} \tag{6.72}$$
$$\phi = -\omega L \ \text{[rad]} = -\frac{180\omega L}{\pi} \ \text{[°]} \tag{6.73}$$

となる。ゲインは各周波数に無関係に 0 dB であるので，グラフに描く必要はない。位相角は各周波数の増加に比例して次第に遅れる。**図 6.6** にむだ時間 e^{-Ls} のボード線図を示す。位相角はこれまでに考察してきた各要素とは違い，90°の倍数の一定値に収束しない。このことは，むだ時間を含む制御系設計が難し

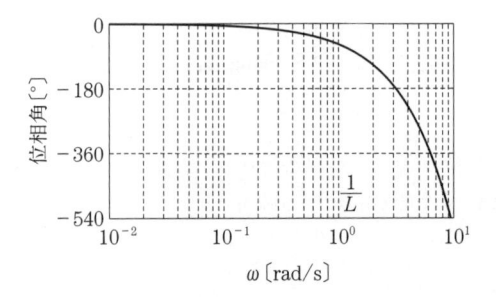

図 6.6 むだ時間 e^{-Ls} のボード線図

い理由となっている。

（6）直列結合要素　直列結合要素とは n 個の要素が直列に結合されたものであり，その周波数伝達関数は

$$G(j\omega) = G_1(j\omega) \cdot G_1(j\omega) \cdot \cdots \cdot G_n(j\omega) \tag{6.74}$$

と表現される。一つの要素を極座標表示すると

$$G_i(j\omega) = |G_i(j\omega)|e^{j\theta_i} \tag{6.75}$$

となる。これらを直列に結合すると，ゲイン g と位相角 ϕ は

$$g = 20\log|G_1(j\omega)| + 20\log|G_2(j\omega)| + \cdots + 20\log|G_n(j\omega)| \tag{6.76}$$

$$\phi = \angle G_1(j\omega) + \angle G_2(j\omega) + \cdots \angle G_n(j\omega) \tag{6.77}$$

となる。したがって，直列結合要素は各要素のゲイン曲線と位相曲線をボード線図上で加え合わせることにより，求めることができる。この便利な性質はボード線図の特長である。

（7）逆システム　逆システム $G^{-1}(j\omega)$ のゲインと位相角は

$$\text{ゲイン}: 20\log\left|\frac{1}{G(j\omega)}\right| = -20\log|G(j\omega)| \tag{6.78}$$

$$\text{位相角}: \angle\frac{1}{G(j\omega)} = -\angle G(j\omega) \tag{6.79}$$

となり，ゲインと位相角の符号が反転する。ボード線図上では 0dB，0° を軸にして上下反転すればよい。

例題 6.3　伝達関数のゲイン線図を折線近似で描け。

$$G(s) = \frac{100s + 10}{s(0.1s + 1)} \tag{6.80}$$

【解答】　伝達関数を以下のように分解する。

$$G(s) = \frac{100s + 10}{s(0.1s + 1)}$$

$$= G_1(s) \cdot G_2(s) \cdot G_3(s) \cdot G_4(s)$$
$$= 10 \cdot \frac{1}{s} \cdot \frac{1}{0.1s+1} \cdot (10s+1) \tag{6.81}$$

図 6.7 に $G(s)$ のゲイン線図を示す。式 (6.81) より，分解した各伝達関数のゲイン線図は図 6.7(a) のように描ける。$G(s)$ は各伝達関数の直列結合であるから，図 6.7(a) の各接線を足し合わせればよい。よって，$G(s)$ の接線近似によるゲイン線図は図 6.7(b) のように描ける。

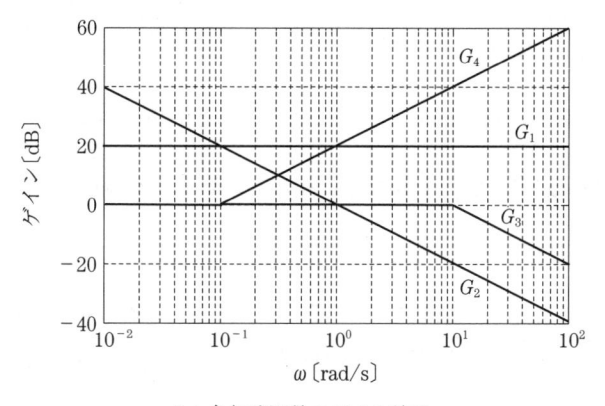

(a) 各伝達関数のゲイン線図

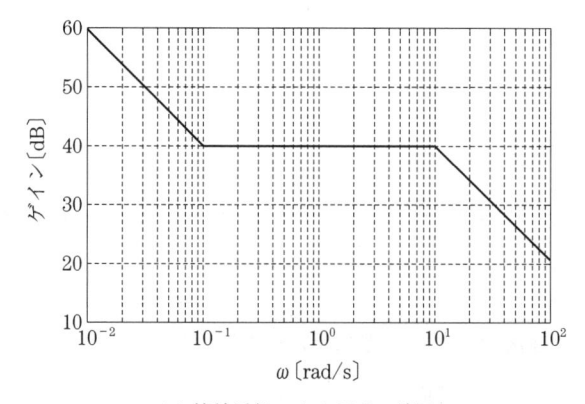

(b) 接線近似によるゲイン線図

図 **6.7** $G(s)$ のゲイン線図

◇

6.2.3 遅れと進み

伝達関数の分母に現れる $Ts+1$ の項は遅れと呼ばれる。これまでに 1 次遅れ系では一つの遅れ要素が存在し，2 次遅れ系の非振動系では二つの遅れ要素が直列接続で存在していると述べた。遅れと呼ばれる理由は，位相角が負になるためである。1 次遅れ系では $0 \sim -90°$，2 次遅れ系では $0 \sim -180°$ の遅れを伴う。

伝達関数の分子に現れる $Ts+1$ の項は進みと呼ばれる。この項は伝達関数の零点となる。$T > 0$ であるとき，この周波数伝達関数は

$$G(j\omega) = j\omega T + 1 \tag{6.82}$$

であり，ゲイン g と位相角 ϕ は

$$g = 20\log\sqrt{(\omega T)^2 + 1} = 10\log\{(\omega T)^2 + 1\} \tag{6.83}$$

$$\phi = +\tan^{-1}(\omega T) \tag{6.84}$$

となる。これより，位相角はすべての周波数において正となり，$0 \sim +90°$ で変化する。漸近線は高周波領域でゲイン g は

$$g \approx 20\log\omega T \tag{6.85}$$

となり，+20dB/dec で増大する。このため，零点は一つまたはそれ以上の極と組み合わせる必要がある。これは伝達関数の分子の次数は分母の次数よりも低いか同じでなければならないことを意味する。

一方，伝達関数の分子に現れる $1-Ts$ は遅れと呼ばれる。この項の周波数応答であるゲイン g と位相角 ϕ は

$$g = 10\log\{(\omega T)^2 + 1\} \tag{6.86}$$

$$\phi = -\tan^{-1}(\omega T) \tag{6.87}$$

となり，位相角が負になる。このことより，分子の遅れはすべての周波数に対して位相遅れを起こす。このような右半面の零点やむだ時間を持つ系は，位相

遅れの影響が大きくなり，逆振れを伴う応答となる．これらの系は**非最小位相系** (non-minimum phase) と呼ばれる．一般に，非最小位相系の性質を持つ要素は，閉ループの安定に有害となり，制御を難しくさせる．

6.2.4　ボード線図の見方

6.2.2 節ではボード線図の書き方を学んだ．本節ではボード線図の性質をまとめる．安定な任意の有理伝達関数に対して，高周波領域でのゲインの漸近線の傾きは

$$傾き = (分子の次数 - 分母の次数) \times 20 \,[\text{dB}] \tag{6.88}$$

で表され，位相遅れは

$$位相遅れ = (右半面零の数 + 分母の次数 - 左半面零の数) \times (-90°) \tag{6.89}$$

に収束する．むだ時間が伝達関数に含まれる場合，式 (6.88), (6.89) は成立しない．これは，式 (6.72), (6.73) より，むだ時間の位相角が一定の値に収束しないからである．

以上より，ボード線図の見方をまとめる．

(1) 低周波領域において，ゲインの傾きが 0 dB ならば，伝達関数には積分器 ($1/s$) は含まれない．一方，ゲインの傾きが -20 dB ならば，伝達関数には $1/s$，さらに -40 dB ならば $1/s^2$ の項がそれぞれ含まれる．

(2) 低周波領域のゲインの傾きが 0 dB である場合，高周波領域のゲインの傾きから伝達関数の次数，または分母と分子の次数差が推定できる．例えば，高周波領域のゲインの傾きが -40 dB である場合，伝達関数の次数は 2 次であるか，分母が 3 次，分子が 1 次であると推定できる．

(3) 低周波領域で $-90°$ の位相差がある場合は，伝達関数には 1 次の積分要素が含まれている．高周波領域における位相差が -90 の倍数 ($-90, -180, -270$) に収束していく場合は，伝達関数にむだ時間が存在しない．このとき，2 次のモデルに対して零点が存在するか否か，存在するならば零点が左半面 ($Ts+1$) か右半面 ($1-Ts$) に存在することがわかる．

(4) 1次遅れ系にむだ時間が含まれる場合，ボード線図から折点周波数 ω_c と時定数 $T = 1/\omega_c$ を求める．むだ時間は位相のみに影響が現れるので，求めた時定数を用いて位相遅れの差

$$\phi_\delta(\omega_i) = \phi(\omega_i) - \{-\tan^{-1}(\omega_i T)\} \tag{6.90}$$

$$= \phi(\omega_i) + \tan^{-1}(\omega_i T) \tag{6.91}$$

を求める．ここで ω_i $(i = 1, \cdots, r)$ は位相データに対する r 個の異なる周波数である．式 (6.91) より，むだ時間に相当する位相遅れは ϕ_δ として表現できるので，むだ時間 $\hat{L}$ を推定することができる．具体的には

$$\phi_\delta = -\hat{L}\omega \tag{6.92}$$

の関係より，ϕ_δ をボード線図にプロットしてその傾きからむだ時間 $\hat{L}$ を推定できる．

章 末 問 題

【1】 伝達関数が以下で与えられるとき
  (1) 周波数伝達関数を求めて，$|G(j\omega)|$ と $\angle G(j\omega)$ を求めよ．
  (2) 周波数応答のボード線図（ゲイン-位相線図）を折線近似で描け．

$$G(s) = \frac{10}{s(1 + 0.2s)(1 + s)} \tag{6.93}$$

【2】 図 6.8 に示す周波数特性のゲイン線図（折線近似）から伝達関数を求めよ．

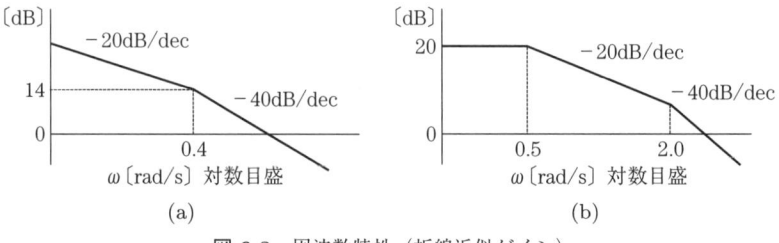

図 6.8 周波数特性（折線近似ゲイン）

  (1) 図 (a)
  (2) 図 (b)

7 システムの安定判別

7.1 安定と不安定の概念

普通に自転車で走行している時，ある一定の速度でペダルをこいでいると左右に倒れることなく前に進む。ところが，ペダルこぎを止めると惰性で前に進むが，そのうち進行速度が遅くなって左右どちらかに倒れてしまう[†]。

このような自転車の運転において，安定して前に進む状況と左右にふらふらして倒れそうになる状況は，ペダルをこぐ速度や路面の状態，付近の交通，天候等によって変化する。

制御系においても同様に，そもそも不安定なものを安定に運転稼動させたり，安定に運転，稼動させられる領域や条件をあらかじめ求めることにより，制御系の設計の有効性が事前に確認できる。したがって，システムの安定判別は制御系設計に必要不可欠である。

7.1.1 安定性について

図 7.1 に示す線形なフィードバック制御系の目標値が変化した，あるいは外乱が加わった場合，システムの応答に過渡現象が発生する。時間の経過とともに目標値に近づいて過渡現象が収束するならば，そのフィードバック制御系は **安定 (stable)** であるという。安定ではないフィードバック制御系は**不安定**

[†] 急にハンドルを左右に切り続ければ，ペダルをこがなくても前に進むことがあるが，これは普通に自転車を運転することと違うので，ここでは考えない。

7.1 安定と不安定の概念　117

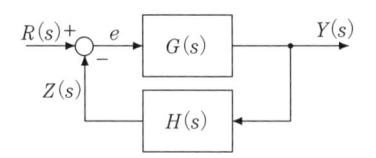

図 7.1 フィードバック制御系

(unstable) であるといい，目標値からかけ離れて発散する．不安定ではあるが，発散せずに過渡現象が続く状態にあれば，そのフィードバック制御系は**安定限界** (stability limit) であるといい，これは安定と不安定の境界である．

7.1.2 特 性 方 程 式

図 7.1 のフィードバック制御系の一巡伝達関数が $G(s)H(s)$ であるとき

$$1 + G(s)H(s) = 0 \tag{7.1}$$

は特性方程式と呼ばれる．

フィードバック制御系が安定であるための必要十分条件は

> 特性方程式の根の実数部がすべて負となる，言い換えると特性根が複素平面の左半平面にすべて存在する

ことである．

図 **7.2** (a)〜(c) は特性方程式の根（×）を s 平面（実数部が x 軸，虚数部が y 軸）で示したものである．(a) は根の実数部がすべて負，すなわち図の左半

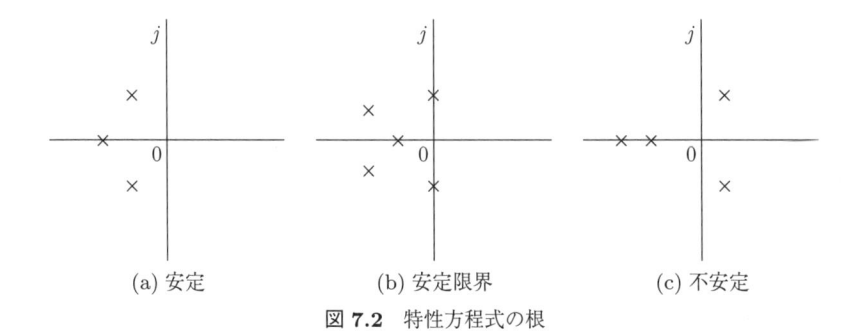

(a) 安定　　　　(b) 安定限界　　　　(c) 不安定
図 7.2 特性方程式の根

平面に根が存在するため，制御系は安定である。(b) は根の実数部が負または y 軸（虚軸）上にあるため，制御系は安定限界である。(c) は根の実数部が一つ以上正，すなわち図の右半平面に二つの根が存在するため，制御系は不安定である。

例題 7.1 2次系で与えられる三つの制御対象の伝達関数が

$$G_a(s) = \frac{1}{s(s+2)} \qquad (7.2)$$

$$G_b(s) = \frac{1}{s^2} \qquad (7.3)$$

$$G_c(s) = \frac{1}{s(s-1)} \qquad (7.4)$$

で表されるとき，図 7.1 で $H(s)=1$ とおいたフィードバック系の特性方程式の根を求め，安定判別をせよ。

【解答】 式 (7.2)〜(7.4) の特性方程式は

$$1+G_a(s)H(s) = 1+\frac{1}{s(s+2)}\cdot 1 = \frac{s(s+2)+1}{s(s+2)} = 0 \qquad (7.5)$$

$$1+G_b(s)H(s) = 1+\frac{1}{s^2}\cdot 1 = \frac{s^2+1}{s^2} = 0 \qquad (7.6)$$

$$1+G_c(s)H(s) = 1+\frac{1}{s(s-1)}\cdot 1 = \frac{s(s-1)+1}{s(s-1)} = 0 \qquad (7.7)$$

より，それぞれつぎのようになる。

$$s^2+2s+1 = 0 \qquad (7.8)$$

$$s^2+1 = 0 \qquad (7.9)$$

$$s^2-s+1 = 0 \qquad (7.10)$$

すると，式 (7.8) の根は $-1,-1$，式 (7.9) の根は $-j, j$，式 (7.10) の根は $1/2+\sqrt{3}/2j, 1/2-\sqrt{3}/2j$ と求まる。

したがって，$G_a(s), G_b(s), G_c(s)$ のフィードバック系は，それぞれ安定，安定限界，不安定な系と判別できる。

◇

7.1.3 安定・安定限界・不安定のステップ応答

システムの特性方程式の実数根が負であればシステムは安定であることがわかったので，例題 7.1 の式 (7.2)～(7.4) を例にこれらのステップ応答波形をみてみよう．

図 **7.3** (a)～(c) が各フィードバック制御系のステップ応答波形である．(a) は安定な系で単位ステップ入力の印加後 7 秒で目標値に整定，その後も安定している様子がわかる．(b) は安定限界な系で，単位ステップ入力の印加後から約 9 秒の周期で出力が正弦波となって持続振動をしている．(c) は不安定な系で単位ステップ入力の印加後，徐々に出力が大きくなり，発散していく様子がわかる．

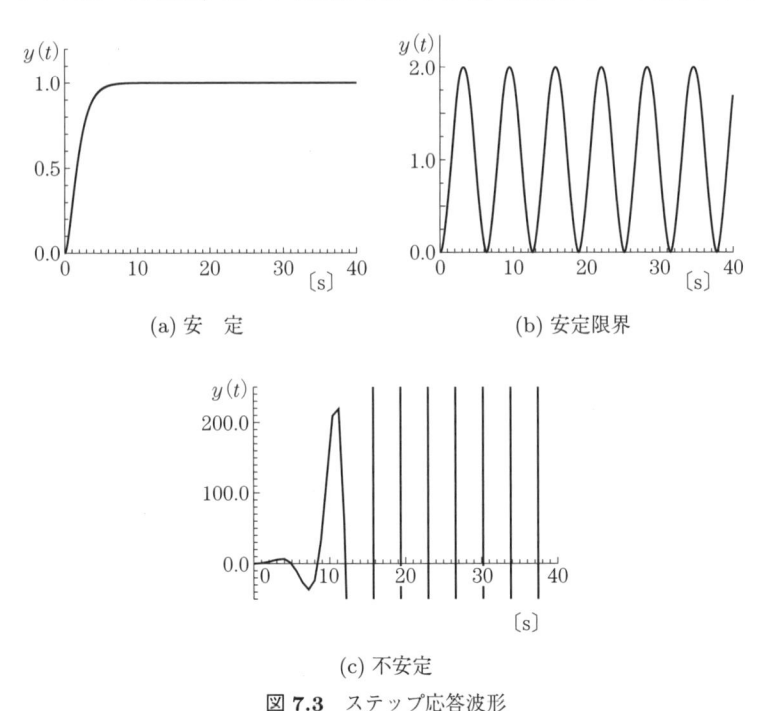

(a) 安　定

(b) 安定限界

(c) 不安定

図 **7.3**　ステップ応答波形

7.1.4 特性根の位置とステップ応答の関係

以上より，フィードバック制御系のステップ応答は，特性根が複素平面上に

存在する位置により，図 **7.4** に示す性質を持つ.

(1) 根が左半平面にあるとき，制御量は振動しながら収束していく（安定）.
(2) 根が左半平面の実軸上にあるとき，制御量は収束していく（安定）.
(3) 根が虚軸上にあるとき，制御量は持続振動していく（安定限界）.
(4) 根が右半平面の実軸上にあるとき，制御量は発散していく（不安定）.
(5) 根が右半平面にあるとき，制御量は振動しながら発散していく（不安定）.
(6) 根の位置が虚軸上の上にいくにつれ，制御量の振動周期は短くなる.

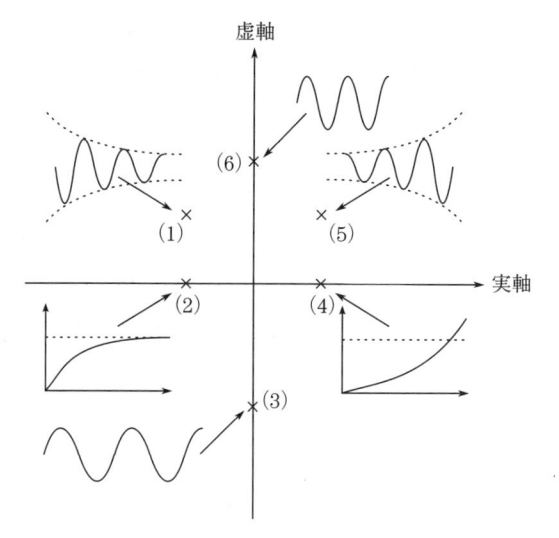

図 **7.4** 複素平面上の特性根の位置とステップ応答の関係

7.2　特性方程式の係数での安定判別法

制御対象やコントローラが高次の伝達関数となる場合その特性方程式の根を求めるのは容易ではない．そのため，容易にシステムの安定性を判別する方法がいくつか考案されているので説明する．

7.2.1 ラウスの方法

ラウスの安定判別法 (Routh's stability criterion) は，ラウス表を用いて安定判別を行う方法である。

(1) ラウス表の作成法　特性方程式が

$$A(s) = a_0 s^n + a_1 s^{n-1} + \cdots + a_{n-1} s + a_n = 0 \quad (a_0 > 0) \quad (7.11)$$

で与えられるとき，つぎの手順でラウス表を作成する。

1) 特性方程式の係数を一つおきの偶数，奇数ごとに取り出し，最初の 2 行を作成する（**表 7.1**）。

表 7.1　ラウス表の最初の 2 行

s^n	a_0	a_2	a_4	$\cdots$
s^{n-1}	a_1	a_3	a_5	$\cdots$

2) 3 行目以降は，直前の 2 行の係数より計算にて求める。

$$b_1 = \frac{-\begin{vmatrix} a_0 & a_2 \\ a_1 & a_3 \end{vmatrix}}{a_1} = \frac{a_1 a_2 - a_0 a_3}{a_1} \quad (7.12)$$

$$b_2 = \frac{-\begin{vmatrix} a_0 & a_4 \\ a_1 & a_5 \end{vmatrix}}{a_1} = \frac{a_1 a_4 - a_0 a_5}{a_1} \quad (7.13)$$

$\cdots$

$$c_1 = \frac{-\begin{vmatrix} a_1 & a_3 \\ b_1 & b_2 \end{vmatrix}}{b_1} = \frac{b_1 a_3 - a_1 b_2}{b_1} \quad (7.14)$$

$$c_2 = \frac{-\begin{vmatrix} a_1 & a_5 \\ b_1 & b_3 \end{vmatrix}}{b_1} = \frac{b_1 a_5 - a_1 b_3}{b_1} \quad (7.15)$$

$\cdots$

3) 以上の計算ができなくなるまで繰り返すと，**表 7.2** のラウス表が作成できる。

表 7.2 ラウス表

s^n	a_0	a_2	a_4	$\cdots$
s^{n-1}	a_1	a_3	a_5	$\cdots$
s^{n-2}	b_1	b_2	b_3	$\cdots$
s^{n-3}	c_1	c_2	c_3	$\cdots$
$\cdots$				
s^0				

（2）**ラウス表による安定判別**　　ラウス表を用いた場合，フィードバック制御系が安定である条件はつぎのとおりである．

(1)　係数 $a_0, a_1, a_2, \cdots, a_{n-1}, a_n$ がすべて存在する．
(2)　これら係数がすべて同符号である．
(3)　ラウス表の第 1 列の符号がすべて正となる[†]．

詳細は割愛するが，ラウス表の作成は特性方程式をユークリッドの互除法でいくつかの多項式に分解した結果となっている．制御系設計では，制御対象の物理的な定数，例えば，位相を遅らせる静電容量や質量，位相を進ませる逆インダクタンスやばね定数等が，ラウス表のどこに位置するかによってシステムの応答が変わってくるため，これらを考慮することも大切である．

例題 7.2　二つの独立したフィードバック制御系の特性方程式が

$$s^3 + 2s^2 + 3s + 4 = 0 \tag{7.16}$$

$$s^3 + 2s^2 + 3s + 10 = 0 \tag{7.17}$$

でそれぞれ与えられるとき，ラウス表を作成して安定判別を行え．

【**解答**】　特性方程式 (7.16) の係数はすべて正符号で存在する．そこで，式 (7.16) のラウス表を作成すると**表 7.3** のようになる．表 7.3 の第 1 列の符号はすべて正であるので，このフィードバック制御系は安定である．

つぎに，特性方程式 (7.17) の係数はすべて正符号で存在する．そこで，式 (7.17) のラウス表を作成すると**表 7.4** のようになる．しかし，表 7.4 の第 1 列の符号は正が三つ，負が一つであるので，このフィードバック制御系は不安定である．ここ

[†] 符号が反転するとき，その回数は特性方程式の不安定根の個数となる．

表 7.3 式 (7.16) のラウス表

s^3	1	3	0
s^2	2	4	0
s^1	1	0	
s^0	4		

表 7.4 式 (7.17) のラウス表

s^3	1	3	0
s^2	2	10	0
s^1	-2	0	
s^0	10		

で，表 7.4 の第 1 列の符号は正→正→負→正と 2 回反転しているため，式 (7.17) の不安定根は二つ存在することがわかる。

◇

7.2.2 フルビッツの方法

フルビッツの安定判別法 (Hurwitz's stability criterion) は，**フルビッツ行列** (Hurwitz's matrix) を用いて安定判別を行う方法[†]である。

（1） フルビッツ行列の作成法　特性方程式が式 (7.11) で与えられるとき，つぎの手順でフルビッツ行列を作成する。

1) 式 (7.2) の特性方程式の次数が偶数と奇数の多項式 $A_0(s), A_1(s)$ に分離する。

$$A_0(s) = a_0 s^n + a_2 s^{n-2} + a_4 s^{n-4} + \cdots \qquad (7.18)$$

$$A_1(s) = a_1 s^{n-1} + a_3 s^{n-3} + a_5 s^{n-5} \cdots \qquad (7.19)$$

2) n 次の正方行列 H において，最初の 1 行は $A_1(s)$ の係数，2 行目は $A_0(s)$ の係数を横に並べる。

$$H = \begin{pmatrix} a_1 & a_3 & a_5 & a_7 & \cdots & \vdots \\ a_0 & a_2 & a_4 & a_6 & \cdots & \vdots \\ \vdots & \cdots & \cdots & \cdots & \cdots & \vdots \\ \cdots & \cdots & \cdots & \cdots & \cdots & \cdots \end{pmatrix} \qquad (7.20)$$

3) 3 行目以降は 2 行単位で 1 列ずつ左にシフトして $A_1(s)$ と $A_0(s)$ の係数を並べ，対角要素が n 個になるようにし，係数を並べない要素は 0 とする。以上より，フルビッツ行列が作成できる。

[†] ラウスの安定判別法とフルビッツの安定判別法は等価であることが知られている。

$$H = \begin{pmatrix} a_1 & a_3 & a_5 & a_7 & \cdots & \cdots & 0 \\ a_0 & a_2 & a_4 & a_6 & \cdots & \cdots & 0 \\ 0 & a_1 & a_3 & a_5 & \cdots & \cdots & 0 \\ 0 & a_0 & a_2 & a_4 & \cdots & \cdots & 0 \\ \vdots & \cdots & \cdots & \cdots & \cdots & \cdots & \vdots \\ 0 & 0 & 0 & \cdots & \cdots & a_{n-1} & 0 \\ 0 & 0 & 0 & \cdots & \cdots & a_{n-2} & a_n \end{pmatrix}, \quad R^{n \times n} \quad (7.21)$$

(**2**) **フルビッツ行列による安定判別**　　フルビッツ行列を用いた場合，フィードバック制御系が安定である条件はつぎのとおりである。

(1) 係数 $a_0, a_1, a_2, \cdots, a_{n-1}, a_n$ がすべて存在する。

(2) これら係数がすべて同符号である。

(3) すべてのフルビッツ主座小行列式が正である。

$$\Delta_1 = a_1 > 0 \tag{7.22}$$

$$\Delta_2 = \begin{vmatrix} a_1 & a_3 \\ a_0 & a_2 \end{vmatrix} > 0 \tag{7.23}$$

$\vdots$

$$\Delta_n = \begin{vmatrix} a_1 & a_3 & a_5 & a_7 & \cdots & \cdots & 0 \\ a_0 & a_2 & a_4 & a_6 & \cdots & \cdots & 0 \\ 0 & a_1 & a_3 & a_5 & \cdots & \cdots & 0 \\ 0 & a_0 & a_2 & a_4 & \cdots & \cdots & 0 \\ \vdots & \cdots & \cdots & \cdots & \cdots & \cdots & \vdots \\ 0 & 0 & 0 & \cdots & \cdots & a_{n-1} & 0 \\ 0 & 0 & 0 & \cdots & \cdots & a_{n-2} & a_n \end{vmatrix} > 0 \tag{7.24}$$

7.2 特性方程式の係数での安定判別法

例題 7.3 二つの独立した 2 次と 3 次のフィードバック制御系の特性方程式が

$$\alpha s^2 + \beta s + \gamma = 0 \quad (\alpha \neq 0) \tag{7.25}$$

$$\alpha s^3 + \beta s^2 + \gamma s + \delta = 0 \quad (\alpha > 0) \tag{7.26}$$

でそれぞれ与えられるとき，フルビッツ行列を作成して安定となる必要十分条件を求めよ．

【解答】 2 次の特性方程式である式 (7.25) を変形すると

$$s^2 + \frac{\beta}{\alpha}s + \frac{\gamma}{\alpha} = 0 \tag{7.27}$$

と書ける．式 (7.27) のフルビッツ行列は

$$H = \begin{pmatrix} \frac{\beta}{\alpha} & 0 \\ 1 & \frac{\gamma}{\alpha} \end{pmatrix} \tag{7.28}$$

となるので，式 (7.28) の主座小行列式は

$$\Delta_1 = \frac{\beta}{\alpha} > 0 \tag{7.29}$$

$$\Delta_2 = \begin{vmatrix} \frac{\beta}{\alpha} & 0 \\ 1 & \frac{\gamma}{\alpha} \end{vmatrix} = \frac{\beta \cdot \gamma}{\alpha^2} > 0 \tag{7.30}$$

となる．したがって，2 次の特性方程式 (7.25) で表されるフィードバック制御系が安定である必要十分条件は，α, β, γ が同符号でなければならない．

つぎに，3 次の特性方程式 (7.26) のフルビッツ行列は

$$H = \begin{pmatrix} \beta & \delta & 0 \\ \alpha & \gamma & 0 \\ 0 & \beta & \delta \end{pmatrix} \tag{7.31}$$

であるから，式 (7.31) の主座小行列式は

$$\Delta_1 = \beta > 0 \tag{7.32}$$

$$\Delta_2 = \begin{vmatrix} \beta & \delta \\ \alpha & \gamma \end{vmatrix} = \beta \cdot \gamma - \alpha \cdot \delta > 0 \tag{7.33}$$

$$\Delta_3 = \begin{vmatrix} \beta & \delta & 0 \\ \alpha & \gamma & 0 \\ 0 & \beta & \delta \end{vmatrix} = \delta \Delta_2 > 0 \tag{7.34}$$

となる．したがって，3次の特性方程式 (7.26) で表されるフィードバック制御系が安定である必要十分条件は，$\alpha, \beta, \gamma, \delta$ がすべてゼロ以上となり，かつ $\beta \cdot \gamma - \alpha \cdot \delta > 0$ が成り立つことである．

◇

（3） 拡張フルビッツ行列による安定判別　　特性方程式の係数が複素数であるときは，下記の拡張フルビッツ行列による安定判別を用いる．そのために

$$(a_0 + jb_0)p^n + (a_1 + jb_1)p^{n-1} + \cdots + (a_{n-1} + jb_{n-1})p + (a_n + jb_n) = 0 \tag{7.35}$$

の根の虚数部がすべて正であるための必要十分条件は

$$\Delta_i = (-1)^i \begin{vmatrix} a_0 & a_1 & \cdots & a_i & \cdots & 0 \\ b_0 & b_1 & \cdots & b_i & \cdots & 0 \\ 0 & a_0 & \cdots & a_{i-1} & \cdots & 0 \\ 0 & b_0 & \cdots & b_{i-1} & \cdots & 0 \\ \cdots & \cdots & \cdots & \cdots & \cdots & \cdots \\ 0 & \cdots & a_0 & \cdots & \cdots & a_i \\ 0 & \cdots & b_0 & \cdots & \cdots & b_i \end{vmatrix} > 0 \tag{7.36}$$

とおくとき，$\Delta_i (i = 1, 2, \cdots, n)$ がすべて正である，という関係を利用する．

複素係数を持つ特性方程式に $s = jp$ を代入し，p について式 (7.35) のように変形し，式 (7.36) を適用すると，根の実数部が負であるための必要十分条件が求められる．

（4） 安 定 度　　特性方程式の根が複素平面上の安定限界である虚軸からどの位離れているかによって，**安定度** (degree of stability) がわかる．

1) 特性方程式 (7.11) に $s = s'e^{+j\theta}$ を代入し，$A(s)$ を $A(s')$ に書き直す．
2) 式 (7.11) のすべての特性根が s 平面の実軸に関して対称であることより，

7.2 特性方程式の係数での安定判別法

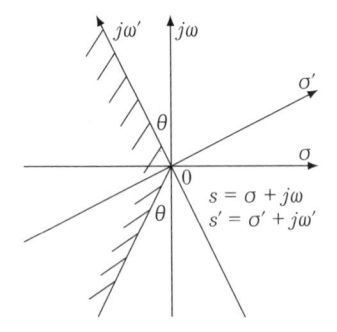

図 7.5 特性方程式の根

$A(s')$ について s' 平面の虚軸の左半平面に特性根がある条件を求める。すなわち，図 7.5 の斜線領域に特性根が存在するかを調べる。

例題 7.4 特性方程式

$$a_0 s^2 + a_1 s + a_2 = 0 \quad (a_0 > 0) \tag{7.37}$$

の特性根が複素平面上の負の実軸を中心に $60°$ の開度を有する扇形内に存在するための条件を求めよ。

【解答】 式 (7.37) に $s = s' e^{+j\theta}$ を代入して整理をすると

$$a_0 {s'}^2 + a_1(\cos\theta - j\sin\theta)s' + a_2(\cos 2\theta - j\sin 2\theta) = 0 \tag{7.38}$$

となる。さらに，$s = jp$ を代入し，p について式 (7.36) を適用すると

$$\Delta_1 = -\begin{vmatrix} a_0 & -a_1 \sin\theta \\ 0 & -a_1 \cos\theta \end{vmatrix} > 0 \tag{7.39}$$

$$\Delta_2 = \begin{vmatrix} a_0 & -a_1 \sin\theta & -a_2 \cos 2\theta & 0 \\ 0 & -a_1 \cos\theta & a_2 \sin 2\theta & 0 \\ 0 & a_0 & a_1 \sin\theta & -a_2 \cos 2\theta \\ 0 & 0 & -a_1 \cos\theta & a_2 \sin 2\theta \end{vmatrix} > 0 \tag{7.40}$$

より，$\theta = 30°$ であるから，$a_1 > 0, a_2 > 0, {a_1}^2 > a_2 a_0$ が条件となる。

◇

7.3 図的解法での安定判別法

ラウス・フルビッツの安定判別法は，特性方程式の係数を用いて安定判別を行う方法であるが，制御対象にむだ時間があると扱うことができない。

このように，なんらかの理由でフィードバック制御系の特性方程式を解くことができない場合，図的解法で安定判別する方法を用いる。

7.3.1 ナイキスト線図による安定判別

ナイキストの安定判別法 (Nyquist stability criterion) は，フィードバック制御系の開ループ周波数特性に注目して安定判別を行う方法で，安定の範囲がわかる便利な方法である。制御系の伝達関数や特性方程式が定まっていない場合でも，その周波数特性の実測値があればよい。

（1）ナイキスト線図　　複素平面上において，フィードバック制御系の開ループ伝達関数 $G(j\omega) = x(\omega) + jy(\omega)$ の角周波数 ω を $-\infty$ から ∞ まで変化させた $G(j\omega)$ のベクトル軌跡を**ナイキスト線図**という。

（2）ナイキストの安定判別法　　一般的なナイキストの安定判別法は複雑であるが，多くの場合，開ループ伝達関数の極が S 平面の右半平面に存在することは稀である[†]。そのため，以下に示す狭義のナイキストの安定判別法を用いることができる。

> 開ループ伝達関数 $G(s)$ において $s = j\omega$ とおき，$\omega = 0 \sim \infty$ に変化させたとき，ベクトル軌跡が $-1 + j0$ の点を左に見て描かれるならば，このフィードバック系は漸近安定である。

[†] 例えば，$G(s)H(s) = 2(s+1)/s(s+2)$ の分母の根は正ではないので，S 平面の右半平面に極が存在しない。

7.3 図的解法での安定判別法

図 7.6 ナイキストの安定判別

実際，どのようなベクトル軌跡となるのか，図 **7.6** に例示しよう。

ナイキスト線図の概略図である図 7.6 の (1)～(3) において，ナイキストの安定判別を用いると

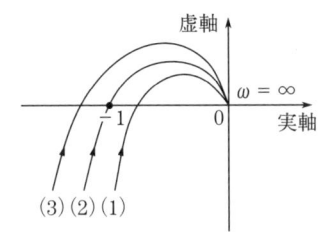

(1) ベクトル軌跡が -1 の点を左に見て通過する場合は安定
(2) ベクトル軌跡が -1 の点上を通過する場合は安定限界
(3) ベクトル軌跡が -1 の点を右に見て通過する場合は不安定

と判別することができる。

例題 7.5 温度制御の制御対象モデルとして多用される 1 次遅れ＋むだ時間のうち，以下の二つの開ループ伝達関数

$$G_a(s) = \frac{2}{1+5s} e^{-3s} \tag{7.41}$$

$$G_b(s) = \frac{2}{1+5s} e^{-8s} \tag{7.42}$$

をナイキスト線図を描いて安定判別せよ。

【解答】 ここでは簡単のため，むだ時間を式 (5.82) の 2 次のパディ近似を用いて表すことにする。すると，式 (7.41)，(7.42) はそれぞれ

$$G_a(s) = \frac{2}{1+5s} \cdot \frac{9s^2 - 18s + 12}{9s^2 + 18s + 12} \tag{7.43}$$

$$G_b(s) = \frac{2}{1+5s} \cdot \frac{64s^2 - 48s + 12}{64s^2 + 48s + 12} \tag{7.44}$$

となる。よって，式 (7.41)，(7.42) のナイキスト線図は図 7.7 のように描ける。

ナイキスト線図（図 **7.7**(a)）を見ると，ベクトル軌跡が -1 を左側に見て通過しているため，$G_a(s)$ は安定である。

(a) $G_a(s)$ (b) $G_b(s)$

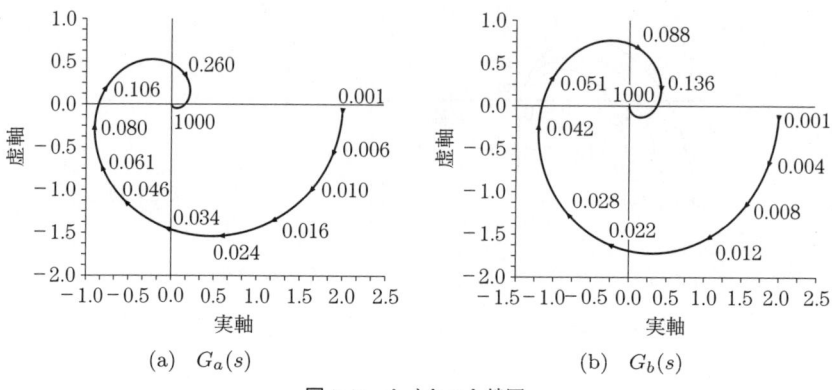

図 **7.7** ナイキスト線図

つぎに，ナイキスト線図（図 (b)）を見ると，ベクトル軌跡が -1 を右側に見て通過しているため，$G_b(s)$ は不安定である。

このように，ゲインや時定数が同じ 1 次遅れの伝達関数でも，むだ時間の大きさで安定となったり，不安定となることを理解しょう。

◇

（3） ナイキスト線図のゲイン余有と位相余有 制御系の設計では，システムが安定であると判別できても，どのくらい安定度があるのか知っておく必要がある。例えば，外部から制御対象の応答に影響を及ぼす外乱が加わっても，システムが安定に稼動できるという保障がどの位あるのかを把握し，安全な設計をしなければならないからである。

図 **7.8** は，ベクトル軌跡が実軸上の -1 を左側に見て通過する安定なシステムのナイキスト線図である。

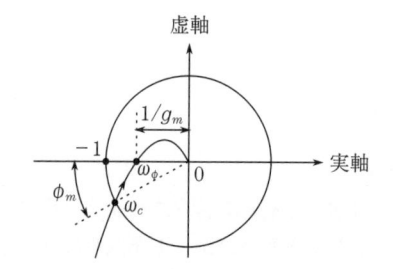

図 **7.8** ナイキスト線図におけるゲイン余有と位相余有

この安定なシステムの開ループ伝達関数 $G(j\omega)H(j\omega)$ の位相角が $-180°$ になるとき，つまり，ベクトル軌跡が実軸と交差する ω は，**位相交点周波数** (phase crossover frequency) と呼ばれ，ω_ϕ で表される．この ω_ϕ に対応するベクトル軌跡の実軸方向の大きさの絶対値の逆数は

$$\frac{1}{|G(j\omega_\phi)H(j\omega_\phi)|} \tag{7.45}$$

となり，式 (7.45) をデシベルで g_m と表すと

$$g_m = -20\log|G(j\omega_\phi)H(j\omega_\phi)| \quad [\text{dB}] \tag{7.46}$$

となる．この g_m を**ゲイン余有** (gain margin) と呼ぶ．

また，$G(j\omega)H(j\omega)$ のゲインが 1 となるとき，つまり，ベクトル軌跡が原点を中心とした半径 1 の円と交差する ω は，**ゲイン交点周波数** (gain crossover frequency) と呼ばれ，ω_c で表される．原点と ω_c を結ぶ直線と実軸の角度，つまり，ゲインが 0 dB と交差する周波数 ω_g に対応する $-180°$ 以上の位相角は，**位相余有** (phase margin) と呼ばれ

$$\phi_m = 180° + \angle G(j\omega_c)H(j\omega_c) \tag{7.47}$$

となる．

これらゲイン余有と位相余有が大きければ大きいほど，大雑把にいって安定度が高いといえる．ただし，システムの安定余有が大きすぎると，システムの応答が遅くなってしまうので，適度なバランスを考慮した制御系設計が必要である．なお，不安定な極を持つ一巡伝達関数や，実軸や原点を中心とする半径 1 の円と 2 度以上交差する複雑なベクトル軌跡となる場合は，ナイキスト線図のゲイン余有や位相余有を安定度の目安にできないので，注意しよう．

7.3.2 ボード線図による安定判別

開ループ伝達関数の極が S 平面の右半平面に存在しない場合，狭義のナイキスト線図による安定判別法以外に，ボード線図によって容易に安定判別が可能である．

(1) **ボード線図による安定判別法**　図 **7.9** はゲイン〔dB〕を左縦軸，位相角〔°〕を右縦軸，周波数を横軸にした開ループ伝達関数に関するボード線図の概略表示である。図 7.9 (a) は，ゲイン曲線が 0 dB と交差する周波数 ω_g よりも位相曲線が $-180°$ と交差する周波数 ω_ϕ のほうが高い。言い換えると，ゲイン曲線が 0 dB と交差するとき位相角が $-180°$ 以上，あるいは位相曲線が $-180°$ と交差するときゲイン〔dB〕が負になっている。このような状態にあるとき，このシステムは安定である。図 7.9 (b) は，図 (a) とは逆に $\omega_\phi < \omega_g$ の関係にあるため，このシステムは不安定である。

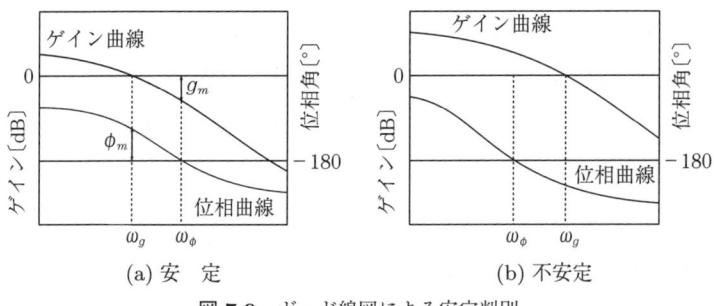

図 7.9　ボード線図による安定判別

(2) **ボード線図のゲイン余有と位相余有**　図 7.9 (a) 安定な系のボード線図において，位相曲線が $-180°$ と交差する周波数 ω_ϕ に対応する 0 dB 以下のゲインの値 g_m はゲイン余有と呼ばれる。同じく，ゲイン曲線が 0 dB と交差する周波数 ω_g に対応する $-180°$ 以上の位相角の値 ϕ_m は位相余有と呼ばれる。これらボード線図のゲイン余有と位相余有は，ナイキスト線図のそれらと同じ値になる。

7.4　極・零点消去

図 7.1 のフィードバック制御系において

$$G(s) = \frac{1}{s-1} \tag{7.48}$$

$$H(s) = \frac{s-1}{s+1} \tag{7.49}$$

と与えられるとき，特性方程式は

$$1 + G(s)H(s) = 1 + \frac{1}{s-1} \cdot \frac{s-1}{s+1} = \frac{s+2}{s+1} = 0 \tag{7.50}$$

となり，特性根は $s = -2$ となるから，この制御系は安定と判別される．しかし，本当に安定なのだろうか？

表 4.2 (4) フィードバック接続の等価変換より，$R(s)$ から $Y(s)$ の閉ループ伝達関数 $G_{cl}(s)$ は

$$G_{cl(s)} = \frac{G(s)}{1 + G(s)H(s)} = \frac{s+1}{(s-1)(s+2)} \tag{7.51}$$

となる．$G_{cl}(s)$ をラプラス逆変換すると

$$\begin{aligned}
g_{cl}(t) &= \mathcal{L}^{-1} G_{cl}(s) = \mathcal{L}^{-1} \left\{ \frac{s+1}{(s-1)(s+2)} \right\} \\
&= \mathcal{L}^{-1} \left\{ \frac{2}{3(s-1)} \right\} + \mathcal{L}^{-1} \left\{ \frac{1}{3(s+2)} \right\} \\
&= \frac{2}{3} e^t + \frac{1}{3} e^{-2t}
\end{aligned} \tag{7.52}$$

となる．$g_{cl}(t)$ にインパルス入力を印加すると，$t \to \infty$ のとき，$g_{cl}(t)$ は限りなく大きくなり，この制御系は不安定である．

このように，特性方程式の根が左半平面に存在するにも関わらず，制御系が不安定となるのは，不安定な極と不安定な零点が消去される**極・零点消去** (pole-zero cancellation) が発生したためである．消去される極と零点が安定かつ制御系が安定であれば，このような不安定現象は発生しない．したがって，極・零点消去が起こる場合には，安定判別に注意が必要である．

章 末 問 題

【1】 つぎのような特性方程式が与えられる制御系の安定判別をフルビッツ行列の安定判別を用いて調べよ．

$$s^3 + 20s^2 + 9s + 100 = 0 \tag{7.53}$$
$$s^3 + 20s^2 + 9s + 200 = 0 \tag{7.54}$$

【2】【1】をラウス表の安定判別を用いて調べよ．さらに，システムが不安定となる場合は不安定根の数を求めよ．

【3】図 7.1 のフィードバック制御系において
$$G(s) = \frac{K}{s\left(1 + \frac{s}{5}\right)\left(1 + \frac{s}{15}\right)} \tag{7.55}$$
$$H(s) = 1 \tag{7.56}$$

であるとき，(a) $K = 3$，(b) $K = 30$ とする場合の安定判別を行え．さらに，システムが安定となる場合はゲイン余有と位相余有を求めよ．

8 フィードバック制御系の設計

8.1 フィードバック制御系の設計手順

制御対象や制御の目的，使用する機材，フィードバック制御系を提供する立場とそれを利用する立場によって異なるが，フィードバック制御系の一般的な設計手順はおおむね表 8.1 のとおりである。

本書では，表 8.1 の手順にてフィードバック制御系の設計を行うに当たって，知っておくべき基礎的な理論を説明している。

8.2 フィードバック制御系の構成

8.2.1 温度制御の実例

（1）押出成形機　プラスチック原料の元となるペレットやフィルム，送電線 CV ケーブル被膜等を製造する産業機械に押出成形機が用いられている。

図 8.1 に示すように，押出成形機はシリンダ，ホッパ，スクリュー，モータ，ギアボックス，ヒータ，金型，電源，制御装置等で構成されている。シリンダは最小構成単位である合金バレルが連結されたものであり，バレル中央にはスクリューを通す穴が空けられている。バレルの外周には電気で加熱するバンドヒータが巻きつけられ，バレル温度の計測のために熱電対がバレルの上部の縦穴に挿入されている。さらに，モータの回転数やヒータ温度の制御，電源の管理，各種計測装置や安全装置等が制御装置（盤）として押出成形機に組み込ま

表 8.1　フィードバック制御系の設計手順

Step1	制御対象の各種条件をリストアップ
	・実際の運転や操業条件（人的面を含む）
	・アクチュエータや測定装置の性能や精度
	・外乱やノイズの影響
	・コントローラ（汎用調節計）の性能と機能
	・安全と環境対策（法律，条例等を含む）
	・コスト（初期，運用）
	・リスクマネジメント
Step2	制御対象の応答特性を把握
2-1	制御対象に関する伝達関数の算出
	・制御対象の物性値が明確
	・制御対象の数式表現（運動方程式等）が可能
2-2	制御対象の応答特性の把握
	・制御対象の物性値が不明確
	・制御対象の数式表現が不可能
	→制御対象の応答特性をグラフやデータで把握
	→可能なら，グラフやデータより伝達関数を近似
Step3	フィードバック制御系の**設計仕様** (specifications)（案）を作成
	・目標値到達時間
	・オーバーシュート量
	・速応性（目標値追従性能）
	・制御精度（定常偏差）
	・外乱応答性能
	・安定性
Step4	フィードバック制御系の設計
4-1	汎用調節計で設計仕様を満たすことが可能
	・自動パラメータチューニング
4-2	汎用調節計では設計仕様を満せない
	・高度な専用のフィードバック制御系を設計
Step5	フィードバック制御系の評価
	・コンピュータシミュレーションで検証，評価
	・テスト機実験で検証，評価
Step6	フィードバック制御系の見直し
	・必要に応じて，Step1〜5 を繰り返す
	・アクチュエータや測定装置の不具合や劣化
	・伝達関数や応答特性データの見直し
	・全体的，部分的に設計仕様を妥協
	・新しい制御方式を開発
Step7	フィードバック制御系の仕様決定
	・Step1〜6 がクリアできれば，仕様決定となる
	・必要に応じて，運転や操業開始後も見直す

8.2 フィードバック制御系の構成

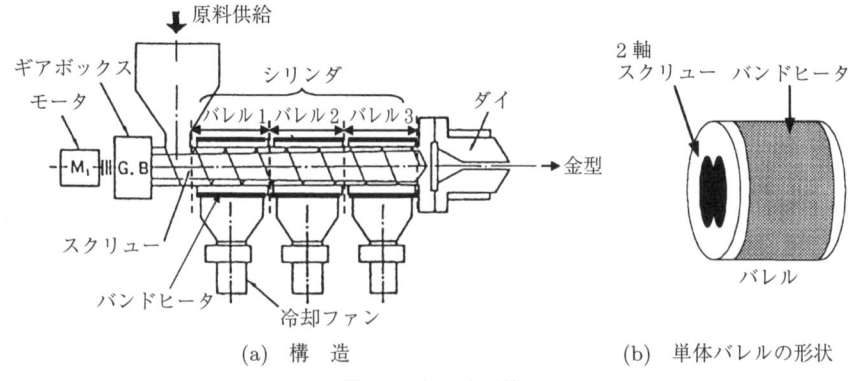

図8.1 押出成形機

(a) 構造
(b) 単体バレルの形状

れ，成形機メーカーで製造されている。

材料・電線メーカーは押出成形機を購入し，フィルムや送電線 CV ケーブル被膜等の製品を製造する。そこでは，ペレット（粒）状またはパウダ（粉末）状のプラスチック原料がホッパより投入されると，すぐにスクリューでシリンダ内に押し出され，そこで加熱や加圧，混練されて均質化される。最後にダイを通じて押し出された原料が希望する形状を備えた金型に流し込まれ，冷やされて製品となる。

（2） 押出成形機シリンダの加熱温度制御　ここで，押出成形機シリンダの加熱温度制御を見てみよう。この温度制御はバレル単位で行われている。実際にはバレル間の相互干渉などを考慮する必要があるが，簡単のため，**図8.2**

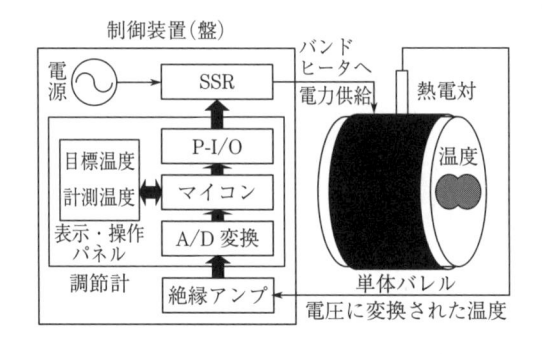

図8.2 押出成形機単体バレルの温度制御

に示す単体バレルの温度制御で説明しよう。

大まかな温度制御の流れは以下のようになっている。

1) 制御装置内の調節計の操作パネルで単体バレルの目標温度が設定され，操業が開始される．
2) 単体バレルの温度が熱電対[†1]でつねに計測され，絶縁アンプを経由してA/D変換でディジタル化，マイコンに計測温度として取り込まれる．
3) マイコンでは温度制御のアルゴリズムが一定時間間隔のリアルタイムで稼動しており，計測温度が目標温度に達するまで必要なバンドヒータへ供給する熱流量をその都度，繰り返し計算する．この間，並行して表示パネルに計測温度等が表示される．
4) マイコンで算出されたバンドヒータへの熱流量は電力供給時間に換算され，P-I/O（パラレル入出力）を経由してSSR（ソリッドステートリレー）[†2]を通じ，必要な電力が電源よりバンドヒータに供給される．
5) 測定温度が目標温度に達すると製品の生産が開始される．その間，測定温度がつねに目標温度と一致するよう温度制御ループが継続され，生産終了とともに温度制御が終了される．

図8.2のフィードバック制御部分を4章で学習したブロック線図のように描き直すと図**8.3**のようなブロック図として描ける．

単体バレルの温度計測の都合上，途中電気信号に変換されているが，マイコンのソフトウェアで実装されたコントローラでは計測温度と目標温度の差を用い，つぎの制御ループで単体バレルに加えるべき熱流量を算出している様子がわかる．図8.3では制御対象は単体バレルとしているが，単体バレルとバンドヒータを一体として制御対象と考えることがある．

（**3**） **汎用調節計**　　図8.3の表示・操作パネル，A/D変換，P-I/O，マイコン等を一つの筐体にまとめた汎用調節計（図**8.4**参照）と呼ばれる制御用製

[†1] 温度を電圧に変換するセンサ
[†2] 高速高頻度動作が可能な半導体を使った無接点リレー．執筆時点において，SSRは温度制御のみに用いられ，その他ではパワーMOSFETやIGBTによるPWM駆動に置き換わっている状況である．

8.2 フィードバック制御系の構成

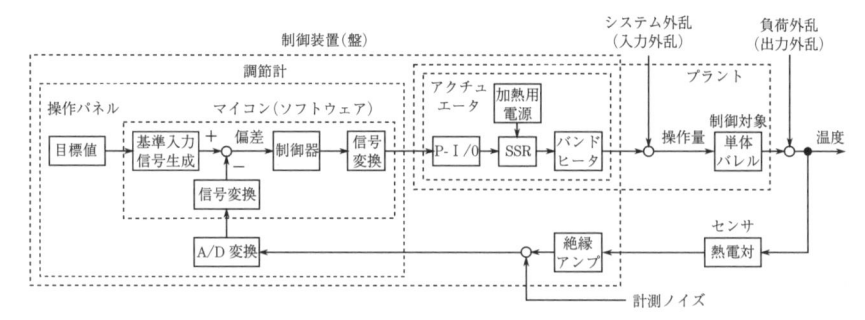

図 8.3 単体バレル温度制御のブロック図

図 8.4 汎用調節計の例（提供：東邦電子株式会社 TTM200 シリーズ）

品がある．ほとんどの汎用調節計が 8.5 節以降で説明する PID 制御機能を有しており，産業用途で多くの制御対象に適用されている．近年，各社が共通したアドバンスト PID 制御を搭載して，低労力・低コスト・リスクフリーで利用可能である．コスト・リスクマネジメントの観点からメーカ各社の汎用調節計を採用したほうが有利となるケースが多々ある．なお，大学等の研究用では，プログラミングの容易さや豊富なソフトウェアの活用，より高度な制御方式の検証等で，マイコン以外にパソコンや DSP [†] が利用されることがある．

[†] digital signal processor の略で，ロボットやモータ制御用コントローラ，画像・音声の圧縮・変調・復調等のディジタル信号処理に特化したプロセッサのこと．執筆時点では，DSP 単体チップは低処理能力に限られ，産業用では CPU や GPU，システム LSI でのソフト処理に置き換わりつつある．一方，システム LSI の高集積化，高機能化，低価格化が進み，DSP がその一部として組み込まれ始めており，今後はシステム LSI の一機能になっていく兆しが出てきた．

8.2.2 ブロック線図による表現

図 **8.5** に一般的なフィードバック制御系のブロック線図を示す．右側の一点鎖線で囲まれた部分はおもにハードウェア[†1]，左側の点線で囲まれた部分はおもにソフトウェア[†2]で構成される．

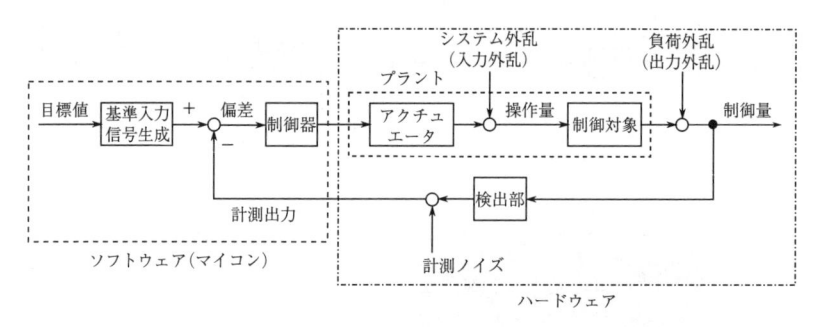

図 8.5 一般的なフィードバック制御系のブロック線図

一般的な図 8.5 と実例の図 8.3 を対比しながら説明しよう．マイコン部分ではフィードバック制御を実現するソフトウェアが動いている．中でも一番重要な機能が**制御器**または**コントローラ** (controller) と呼ばれるものであり，この 8 章で設計法を学習する．図 8.5 の**アクチュエータ** (actuator) は制御器からの信号を外部エネルギーを得て増幅し，操作量に変換する要素であり，図 8.3 の P-I/O，電源，SSR，バンドヒータが相当する．同様に，**検出部** (sensing unit) は熱電対，絶縁アンプが該当する．これらは制御対象によって異なり，工業的にはコストと精度のトレードオフ等によって選択される．

多くの制御システムでは，これら入出力にコントローラをフィードバック結合させた閉ループで構成される．この構成は，**フィードバック制御系** (feedback control system) または**閉ループ制御系** (closed-loop control system) と呼ばれる．制御対象はさまざまな外乱やノイズの影響を受ける．フィードバック制御の目的は，偏差（＝目標値−制御量）をゼロにすることである．コントロー

[†1] 例えば，TCP/IP の QoS をフィードバック制御で行う場合，通信トラフィックが制御対象なので，すべてソフトウェアとなる．
[†2] 昔ながらのアナログ機器で実現されている場合がある．

ラは外乱やノイズの影響を抑制しながら,偏差をゼロに収束させなくてはならない.

4章で学習したが,ブロック線図は信号の流れの表記法であるため,コントローラの理論設計では,図8.5のアクチュエータや検出部を省略して表記する場合がある.その他,制御対象とアクチュエータを一体として考える場合があり,そのときは**プラント** (plant) と表記する.これらを考慮すると,フィードバック制御系のブロック線図は図8.6のように描ける.表8.2に図8.6の各要素や各信号を示す.入力外乱 $D_s(s)$ は制御対象の入力側に加わるシステムの外乱であり,例えば,入力装置への供給エネルギーの変動等が原因となる.出力外乱 $D_l(s)$ は制御対象の出力側に加わる負荷変動が原因となる.ノイズ $N(s)$ はセンサを含む測定部におけるノイズである.バイアス $B(s)$ は,例えば,測定部の電圧降下によるオフセット等が原因となる.測定量 $Y_m(s)$ は,制御対象

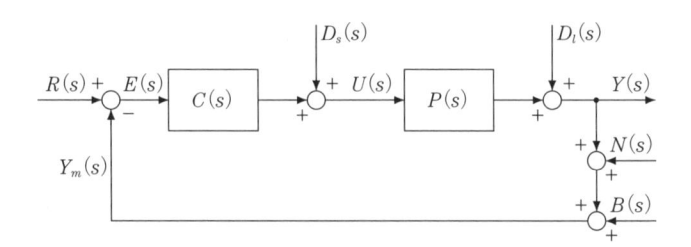

図 **8.6** フィードバック制御系のブロック線図

表 **8.2** 図 8.6 の各要素と各信号

記号	計装	名称	英語表記
$P(s)$		制御対象	controlled element, controlled object
$C(s)$		制御器,コントローラ	controller
$Y(s)$	PV	制御量	controlled variable, process variable
$Y_m(s)$		測定量	measured variable
$R(s)$	SP	目標値	reference input, set point, desired value
$E(s)$		制御偏差,偏差	control error, controlled deviation
$U(s)$	MV	操作量	manipulated variable, actuated variable
$D_s(s)$		入力外乱(システム外乱)	input disturbance, system disturbance
$D_l(s)$		出力外乱(負荷外乱)	output disturbance, load disturbance
$N(s)$		ノイズ	noise
$B(s)$		バイアス	bias

の制御量 $Y(s)$ に各種外乱やノイズ等の影響が加算された値となる。

8.2.3 フィードバック制御器の接続方式

図 8.7 に，制御対象とフィードバック制御器のおもな四つの接続方式を示す。

図 8.7(a) の**直列接続型** (series connect) は，制御対象と制御器 $C(s)$ が直列に接続される。この方式は，他の接続方式よりも制御器の設計が容易である特長を有し，最も普及している。

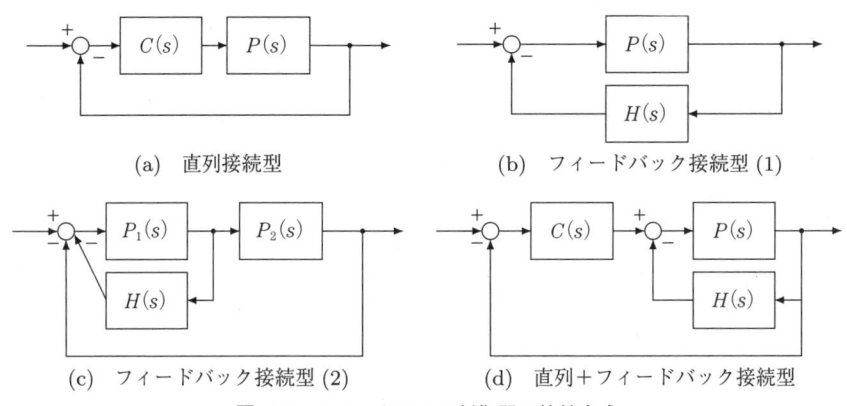

(a) 直列接続型

(b) フィードバック接続型 (1)

(c) フィードバック接続型 (2)

(d) 直列＋フィードバック接続型

図 8.7 フィードバック制御器の接続方式

図 8.7(b) と (c) の**フィードバック接続型** (feedback connect) は，制御対象と制御器 $H(s)$ が並列に接続され，制御器の出力が制御対象の入力にフィードバック接続される。図 8.7(b) は制御対象の構造が理由で，メカトロ制御に用いられる。図 8.7(c) はマイナーループを持つ構造といえる。

図 8.7(d) の**直列＋フィードバック接続型** (series + feedback connected type) は，直列接続型とフィードバック接続型の良い部分を併せ持ち，フィードバック制御の性能に加えて外乱特性を改善できる。モータ制御にも用いられる。

本書では，以降，(a) 直列接続型について説明する。

8.2.4 フィードバック制御器の基本要素

コントローラ（制御器）はさまざまな設計法による無数の表現方法がある。代

表的なコントローラの基本要素は,以下の伝達関数で表すことができる.

(1) P コントローラ（比例）K_p
(2) PI コントローラ（比例+積分）$K_p\left(1 + \dfrac{1}{T_i s}\right)$
(3) PD コントローラ（比例+微分）$K_p(1 + sT_d)$
(4) PID コントローラ（比例+積分+微分）$K_p\left(1 + \dfrac{1}{T_i s} + sT_d\right)$
(5) 進みコントローラ $\dfrac{1 + sT_2}{1 + sT_1}, T_1 < T_2$
(6) 遅れコントローラ $\dfrac{1 + sT_2}{1 + sT_1}, T_1 > T_2$
(7) 進み遅れコントローラ $\dfrac{(1 + sT_1)(1 + sT_2)}{(1 + sT_3)(1 + sT_4)}, T_1 > T_3, T_2 < T_4$

8.2.5 フィードバックループ特性（感度と相補感度）

設計の仕様をより明確に記述するために,図 8.6 を伝達関数で表現すると

$$\begin{aligned}Y(s) &= \frac{P(s)C(s)}{1 + P(s)C(s)}R(s) - \frac{P(s)C(s)}{1 + P(s)C(s)}B(s) \\ &\quad - \frac{P(s)C(s)}{1 + P(s)C(s)}N(s) + \frac{1}{1 + P(s)C(s)}D_l(s) \\ &\quad + \frac{1}{1 + P(s)C(s)} \cdot P(s) \cdot D_s(s)\end{aligned} \tag{8.1}$$

となる.$R(s)$,$B(s)$,$N(s)$,$D_s(s)$,$D_l(s)$ のいずれか一つを確定的な入力としてその他の入力をゼロとすることで,特定した入力が制御出力に与える影響を解析できる.式 (8.1) の伝達関数には規則性が見られる.すなわち

$$T(s) = \frac{P(s)C(s)}{1 + P(s)C(s)} \tag{8.2}$$

$$S(s) = \frac{1}{1 + P(s)C(s)} \tag{8.3}$$

の共通した伝達関数が組み合わされている.$T(s)$ は,**相補感度関数** (complementary sensitivity function) または閉ループ伝達関数 $G_{cl}(s)$ と呼ばれる.$S(s)$ は,**感度関数** (sensitivity function) と呼ばれる.

各入力が制御出力へ与える影響は,$T(s)$ と $S(s)$ を解析することで評価できる.$T(s)$ と $S(s)$ を用いると,式 (8.2),(8.3) は**図 8.8** のブロック線図で表現

144   8. フィードバック制御系の設計

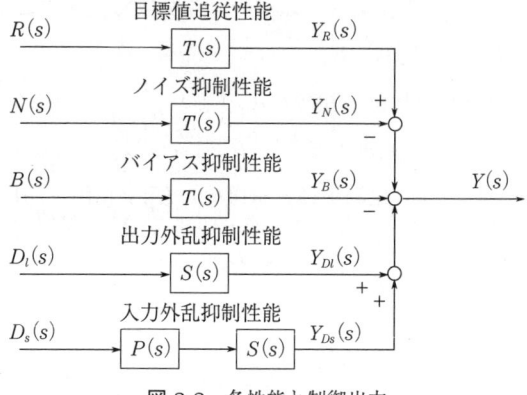

図 8.8　各性能と制御出力

できる。

$T(s)$ と $S(s)$ の特性方程式はともに

$$1 + P(s)C(s) = 0 \tag{8.4}$$

である。フィードバック制御系は，不安定なモードを含まない制御対象 $P(s)$ に対してコントローラ $C(s)$ により，すべての極を開左半面に配置することで安定化できる。

$T(s)$ と $S(s)$ の間には

$$T(s) + S(s) = 1 \tag{8.5}$$

の関係がある。式 (8.5) より，感度と相補感度は**トレードオフ** (trade off) の関係にあることがわかる。例えば，$T(s)$ に対応するノイズと $S(s)$ に対応する外乱の抑制能力はトレードオフの関係にあり，一方の性能を向上させると，他方の性能が劣化する。コントローラの設計はトレードオフの性能を設計仕様に挙げ，各性能を解析しながら設計を進める必要がある。

8.3 閉ループ定常特性

8.3.1 内部モデル原理

図 **8.9**(a) の直結フィードバックの目的は，出力が目標値に定常偏差なく追従することである。目標値から偏差までの伝達関数は

$$E(s) = \frac{1}{1 + G_{ol}(s)} R(s) \tag{8.6}$$

となる。ここで，$G_{ol}(s)$ は一巡伝達関数（開ループ伝達関数）であり，図 8.9(b) のように制御対象 $P(s)$ と直列コントローラ $C(s)$ の積となる。偏差 $e(t)$ の定常偏差 $e(\infty)$ は，式 (8.6) にラプラス変換の最終値定理を適用し，式 (8.7) のように得られる。

$$e(\infty) = \lim_{t \to \infty} e(t) = \lim_{s \to 0} sE(s) = \lim_{s \to 0} \frac{sR(s)}{1 + G_{ol}(s)} \tag{8.7}$$

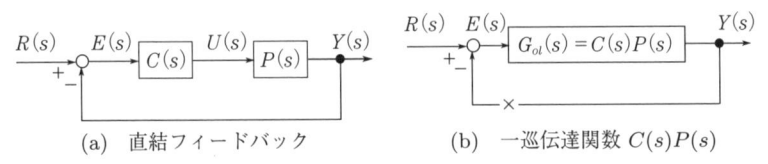

(a) 直結フィードバック (b) 一巡伝達関数 $C(s)P(s)$

図 **8.9** 直結フィードバック系

これより，目標値 $R(s)$ が，ステップ入力，定速度入力，定加速度入力で与えられるときの定常偏差を求めよう。

（1） ステップ入力の場合　目標値に大きさ M のステップ入力を印加するとき，$R(s) = M/s$ となる。これを式 (8.7) に代入すると

$$e(\infty) = \lim_{s \to 0} \frac{s \dfrac{M}{s}}{1 + G_{ol}(s)} = \frac{M}{1 + \lim_{s \to 0} G_{ol}(s)} = \frac{M}{1 + K_s} \tag{8.8}$$

となる。ここで

$$K_s = \lim_{s \to 0} G_{ol}(s) \tag{8.9}$$

である。この定常偏差 $M/(1 + K_s)$ は **位置定常偏差** (static position error) ま

たは**オフセット** (offset) と呼ばれる。位置定常偏差をなくすためには，理想的には K_s を無限大に大きくすればよいが，システムが不安定になってしまうためできない。そこで，制御対象またはコントローラのいずれかに目標値 $R(s)$ と同じ極となる積分器 $1/s$ を含ませると極零相殺が起こり，位置定常偏差をゼロにできる（例題 8.1 を参照）。

（2） 定速度入力（ランプ入力）の場合　目標値に定速度入力（ランプ入力）を印加するとき，$R(s) = M/s^2$ となる。これを式 (8.7) に代入すると

$$e(\infty) = \lim_{s \to 0} \frac{s\frac{M}{s^2}}{1 + G_{ol}(s)} = \frac{M}{s + sG_{ol}(s)} = \frac{M}{\lim_{s \to 0} sG_{ol}(s)} = \frac{M}{K_r} \tag{8.10}$$

となる。ここで

$$K_r = \lim_{s \to 0} sG_{ol}(s) \tag{8.11}$$

である。この定常偏差 M/K_r は**速度定常偏差** (static velocity error) と呼ばれる。速度定常偏差をなくすためには，制御対象またはコントローラのいずれかに目標値 $R(s)$ と同じ極となる $1/s^2$ を含ませると極零相殺が起こり，速度定常偏差をゼロにできる。

（3） 定加速度入力の場合　目標値に定加速度入力を印加するとき，$r(t) = Mt^2$ をラプラス変換した $R(s) = 2M/s^3$ となる。これを式 (8.7) に代入して

$$e(\infty) = \lim_{s \to 0} \frac{s\frac{2M}{s^3}}{1 + G_{ol}(s)} = \frac{2M}{\lim_{s \to 0} s^2 G_{ol}(s)} = \frac{2M}{K_\alpha} \tag{8.12}$$

となる。ここで

$$K_\alpha = \lim_{s \to 0} s^2 G_{ol}(s) \tag{8.13}$$

である。この定常偏差 $2M/K_\alpha$ は**加速度定常偏差** (static acceleration error) と呼ばれる。加速度定常偏差をなくすためには，制御対象またはコントローラのいずれかに目標値 $R(s)$ と同じ極となる $1/s^3$ を含ませると極零相殺が起こり，加速度定常偏差をゼロにできる。

例題 8.1 図 8.9(b) の一巡伝達関数 G_{ol} が

$$G_{ol}(s) = \frac{K}{Ts+1} \tag{8.14}$$

で与えられるとき，位置定常偏差，速度定常偏差，加速度定常偏差をなくす方法を示し，数式で確認せよ．

【解答】 位置定常偏差が発生している場合には，制御対象またはコントローラのいずれか，すなわち一巡伝達関数 $G_{ol}(s)$ に $1/s$ （積分器）を含ませればよい．これを式 (8.14) に代入すると

$$e(\infty) = \lim_{s \to 0} \frac{s\dfrac{M}{s}}{1+G_{ol}(s)} = \lim_{s \to 0} \frac{s\overbrace{\dfrac{M}{s}}^{\text{極零相殺}}}{1+\underbrace{\dfrac{1}{s}}_{\text{極零相殺}}\dfrac{K}{Ts+1}} = 0 \tag{8.15}$$

となり，位置定常偏差がゼロになることがわかる．

速度定常偏差が発生している場合には，一巡伝達関数 $G_{ol}(s)$ に $1/s^2$ を含ませればよい．これを式 (8.14) に代入すると

$$e(\infty) = \lim_{s \to 0} \frac{s\dfrac{M}{s^2}}{1+G_{ol}(s)} = \lim_{s \to 0} \frac{s\dfrac{M}{s^2}}{1+\dfrac{1}{s^2}\dfrac{K}{Ts+1}} = 0 \tag{8.16}$$

となり，速度定常偏差がゼロになることがわかる．

加速度定常偏差が発生している場合には，一巡伝達関数 $G_{ol}(s)$ に $1/s^3$ を含ませればよい．これを式 (8.14) に代入すると

$$e(\infty) = \lim_{s \to 0} \frac{s\dfrac{2M}{s^3}}{1+G_{ol}(s)} = \lim_{s \to 0} \frac{s\dfrac{2M}{s^3}}{1+\dfrac{1}{s^3}\dfrac{K}{Ts+1}} = 0 \tag{8.17}$$

となり，加速度定常偏差がゼロになることがわかる．

$\diamondsuit$

一般に一巡伝達関数は

$$P(s)C(s) = \frac{K(1+sT_1')(1+sT_2')\cdots(1+sT_m')}{s^l(1+sT_1)(1+sT_2)\cdots(1+sT_n)} \tag{8.18}$$

と表現できる。ここで，K はゲインである。分母の s のべき乗 l が $l = 0, 1, 2$ の場合，それぞれ，**0 形の制御系** (type zero system)，**1 形の制御系** (type one system)，**2 形の制御系** (type two system) と呼ばれる。**表 8.3** に各制御系の定常偏差を示す。$l = 3$ 以上のとき各偏差はゼロになる。表 8.3 より，ゲイン K と次数 l が大きいほど定常偏差をゼロにできることがわかる。しかし，次数 l を増やすと位相が遅れ，ゲイン K を大きくすると感度が高くなって制御系の安定性が劣化する。したがって，定常偏差のみを考慮してゲインと次数をむやみに大きくせず，適切なゲインと次数を選択する必要がある。

表 8.3 定 常 偏 差

制御系の形 l	K_s	K_r	K_a	位置定常偏差 $\dfrac{1}{1+K_s}$	速度定常偏差 $\dfrac{1}{K_r}$	加速度定常偏差 $\dfrac{2}{K_\alpha}$
0	K	0	0	$\dfrac{1}{1+K}$	∞	∞
1	∞	K	0	0	$\dfrac{1}{K}$	∞
2	∞	∞	K	0	0	$\dfrac{2}{K}$
3	∞	∞	∞	0	0	0

以上より，一巡伝達関数の極の中に目標値 $R(s)$ と同じ極があり，かつ閉ループ系が安定であるとき，定常偏差は生じない。この性質を**内部モデル原理** (internal model principle) という。内部モデル原理は外乱等の目標値以外の外部入力にも同様に成立する。

例題 8.2 目標値が正弦波入力で与えられるとき，一巡伝達関数にどのような内部モデルが必要か？

【解答】 目標値が

$$R(s) = \frac{\omega}{s^2 + \omega^2} \tag{8.19}$$

で印加されるとする。内部モデル原理から定常偏差をなくすため，一巡伝達関数には

$$\frac{1}{s^2+\omega^2} \tag{8.20}$$

という内部モデルが含まれている必要がある。

◇

8.3.2 負荷外乱抑制

制御性能は，8.3.1 項に示した目標値追従性能の他に，外乱やノイズ等による影響を検討する必要がある。本節では産業用で広く使用されている PID コントローラ

$$C(s) = K_p + K_i\frac{1}{s} + K_d s = \frac{K_i + K_p s + K_d s^2}{s} \tag{8.21}$$

を用いて，これらの定常特性を調べる。

ちなみに，式 (8.21) の PID コントローラは積分器を有しているため，目標値がステップ入力で与えられる場合，内部モデル原理により，位置定常偏差をゼロにすることができる。

負荷外乱 $D_l(s)$ が制御量 $Y(s)$ に与える影響は，式 (8.1) より

$$Y(s) = \frac{1}{1+P(s)C(s)}D_l(s) \tag{8.22}$$

を解析すればよい。ここで，制御対象の伝達関数は

$$P(s) = K\frac{N_p(s)}{D_p(s)}, \qquad N_p(0) = D_p(0) = 1 \tag{8.23}$$

で与えられ，分母の次数は分子の次数よりも大きいとする。ほとんどの負荷外乱は低周波特性を示すことから，ステップ外乱 $D_l(s) = d/s$ を仮定する。最終値の定理を用いて制御量 $y(\infty)$ を求めると

$$\begin{aligned}
y(\infty) &= \lim_{s\to 0} s\frac{1}{1+P(s)C(s)}D_l(s) \\
&= \lim_{s\to 0} s\frac{sD_p(s)}{sD_p(s)+KN_p(s)(K_i+K_p s+K_d s^2)}\frac{d}{s} \\
&= 0 \tag{8.24}
\end{aligned}$$

となる。よって，制御量が負荷外乱の影響を受けた場合，PID コントローラの積分器が内部モデル原理を達成するため，定常状態でその影響をゼロにできる。

例題 8.3 制御装置の計測センサのドロップ電圧が原因で，測定バイアス $B(s) = b/s$ が生じている。式 (8.21) の PID コントローラでフィードバック制御を行う場合，$B(s)$ は制御量 $Y(s)$ にどのような影響を与えるかを調べよ。また，$B(s)$ の影響を補正するにはどのような手段が必要かを示せ。

【解答】 バイアス $B(s)$ が制御量 $Y(s)$ に与える影響は，式 (8.1) より

$$Y(s) = \frac{P(s)C(s)}{1 + P(s)C(s)} B(s) \tag{8.25}$$

を解析すればよい。式 (8.25) に式 (8.21) を代入し，最終値の定理を適用すると

$$\begin{aligned}
y(\infty) &= \lim_{s \to 0} s \frac{P(s)C(s)}{1 + P(s)C(s)} B(s) \\
&= \lim_{s \to 0} s \frac{KN_p(s)(K_i + K_p s + K_d s^2)}{sD_p(s) + KN_p(s)(K_i + K_p s + K_d s^2)} \frac{b}{s} \\
&= \frac{KK_i N_p(0)}{KK_i N_p(0)} b = b
\end{aligned} \tag{8.26}$$

となる。式 (8.26) より，PID コントローラに積分器が含まれていても，測定装置のバイアスは制御量に現れる。したがって，測定装置のバイアス分は手動で取り除くなど，PID コントローラ以外の方法で実現する必要がある。

◇

8.3.3 偏差の積分量

負荷外乱による制御量への影響は，目標値追従性能に加えて制御性能の重要な評価基準である。ここでは，目標値に整定した定常状態において，制御対象の入力側に外乱が印加されたときの指標を示そう。

振動的で減衰しにくい応答は，**偏差の絶対積分** (integrated absolute error)

$$IAE = \int_0^\infty |e(t)| dt \tag{8.27}$$

を指標とする。同様に，**偏差の 2 乗積分** (integrated quadratic error)

$$ISE = \int_0^\infty e(t)^2 dt \tag{8.28}$$

を指標とする場合がある．しかし，IAE と ISE の指標は十分に長い時間の測定が必要となる．

初期の偏差を無視し，時間経過の重みを設け，特定時間内で偏差の面積が最小となるように考えるとき，**偏差の時間重み付き絶対積分** (integrated time multiplies absolute error)

$$ITAE = \int_0^\infty t|e(t)|dt \tag{8.29}$$

または，**偏差の時間重み付き積分** (integrated time multiplies error)

$$ITE = \int_0^\infty te(t)dt \tag{8.30}$$

を指標とする．

非振動的な応答で偏差の符号が一定であるとき，**偏差の積分** (integrated error)

$$IE = \int_0^\infty e(t)dt \tag{8.31}$$

は，IAE と等しくなる．この IE は，PID パラメータの調整に直接関係するため，8.6.6 項で詳しく述べる．

8.4 閉ループ過渡特性

8.4.1 閉ループ特性（周波数応答と時間応答の関係）

近年，多くの産業製品の高品質化に伴い，制御の良し悪しは定常特性だけでなく，過渡特性も重視される．温度制御系では，材料にゆっくりと熱を通すのか，素早く熱を通すかにより，製品自体が変化してしまう．このように，過渡特性の品質は生産現場で厳しく規定されている．

（1） 過渡応答の特性値 閉ループの過渡応答は，5 章で示した 2 次系の特性評価と同様，図 **8.10** の応答波形上の値で評価される．

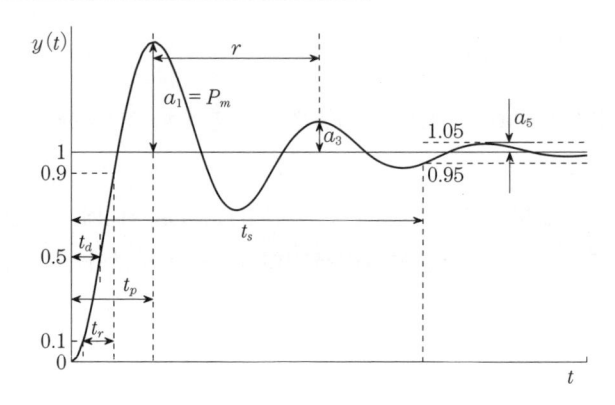

図 **8.10** 過渡応答の特性値（時間応答波形）

(1) t_r：立ち上がり時間

最終値の10%から90%までに立ち上がるのに要する時間。

(2) t_d：遅れ時間

出力が最終値の50%までに立ち上がるのに要する時間。

(3) t_p：最大行き過ぎ時間

出力が最大ピーク値に到るまでの時間。

(4) t_s：整定時間

出力が減衰して最終値の±5%または±2%の範囲内になるために要する時間。

(5) P_m：行き過ぎ量

行き過ぎ時間における出力の最終値からの振れ幅。パーセント行き過ぎ量は，式(8.32)で表す。

$$\text{パーセント行き過ぎ量} = \frac{y(t_p) - y(\infty)}{y(\infty)} \times 100\% \tag{8.32}$$

時間応答の特性値は，周波数応答の特性値と密接に関係がある。8.2.5項で説明した閉ループ伝達関数（相補感度関数）$T(s)$の周波数応答を図**8.11**に示す。$|T(j\omega)|$において，定常ゲイン$T(0)$の0.707倍(-3dB)における角周波数ω_bは**バンド幅**，あるいは**帯域幅** (bandwidth) と呼ばれる。また，ゲインの最大値M_Pは**ピークゲイン** (peak gain)，M_Pに対応する角周波数ω_rは共

8.4 閉ループ過渡特性

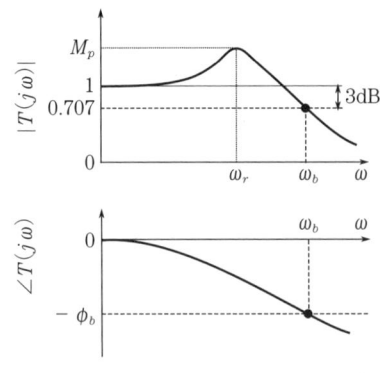

図 8.11 閉ループ特性（周波数応答）

振周波数と呼ばれる。

ω_b は閉ループ系の帯域幅であり，信号の通過帯域が広くなるほど素早い信号が通過しやすく，時間応答の速応性が増す。図 8.11 の ω_b における位相差 ϕ_b を用いると，時間応答の遅れ時間 t_d，立ち上がり時間 t_r との間に

$$t_d \approx \frac{\phi_b}{\omega_b} \tag{8.33}$$

$$t_r \approx \frac{\pi}{\omega_b} \tag{8.34}$$

の関係がある。ω_b が大きくなるほど，遅れ時間と立ち上がり時間が短縮されて速応性が増すことがわかる。

（2）過渡応答の振動抑制　また，$T(s)$ の極の中で原点に近い極が過渡応答に最も影響を与える。この原点に近い極は**支配的な極**，あるいは**代表根**（dominant pole）と呼ばれる。

閉ループ系の過渡応答が振動的である場合，$T(s)$ が高次であっても，その中で（原点から遠い）収束の速い極を無視し，支配的な極に対して 2 次系と同じ設計をすれば，振動を抑制することが可能である。

5 章で示したように，$0 < \zeta < 1$ の場合，過渡応答は振動的になり，極は共役複素根となる。このペアの極を $s_1, s_2 = -\alpha \pm j\beta$ とすると，$T(s)$ は

$$T(s) \approx \frac{s_1 s_2}{(s - s_1)(s - s_2)} = \frac{\alpha^2 + \beta^2}{s^2 + 2\alpha s + \alpha^2 + \beta^2} \tag{8.35}$$

と近似できる．この式 (8.35) が 2 次系の一般式

$$T(s) \approx \frac{\omega_n{}^2}{s^2 + 2\zeta\omega_n s + \omega_n{}^2} \tag{8.36}$$

と等価であるとすると

$$\omega_n = \sqrt{\alpha^2 + \beta^2} \tag{8.37}$$

$$\zeta = \frac{\alpha}{\alpha^2 + \beta^2} = \frac{\alpha}{\omega_n} \tag{8.38}$$

が得られる．

図 **8.12** に複素平面上の共役複素根を示す．原点から極までの距離を固有周波数 ω_n，原点と極を結ぶ線と実軸との角度を θ とすると，減衰率は $\zeta = \cos\theta$ で表される．よって，整定時間 t_s と ω_n, ζ の関係は

$$t_s \approx \frac{4}{\zeta\omega_n} \quad : \quad \pm 2\% \text{の場合} \tag{8.39a}$$

$$t_s \approx \frac{3}{\zeta\omega_n} \quad : \quad \pm 5\% \text{の場合} \tag{8.39b}$$

となる．式 (8.39a)，(8.39b) より，ω_n が大きくなると整定時間が短くなり速応性が増すことがわかる．

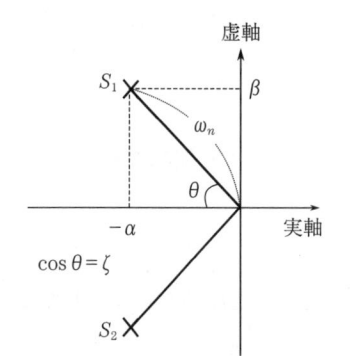

図 **8.12** $T(s)$ の代表根（共役複素根）

(**3**) **閉ループの設計仕様**　閉ループの減衰性は，$T(s)$ のゲインの最大値 M_P，減衰率 ζ，行き過ぎ量（オーバーシュート）P_m が周波数応答と時間応答の関連を決めている．M_P が大きくなると ζ が小さくなり，P_m が大きく

なる。これらは，5章の式 (5.65) と 6章の式 (6.70) による。一般に，M_p は $1.1 \leq M_p \leq 1.5$ とするのが望ましい。

以上より，閉ループの設計仕様を**表 8.4** にまとめる。

表 8.4 閉ループの設計仕様（相補感度関数 $T(s)$ の仕様）

効果	定数	調整	周波数応答と時間応答の関係
速応性	ω_b	ω_b を増大すると速応性が増す	$T_d \approx \dfrac{\phi_b}{\omega_b}, T_r \approx \dfrac{\pi}{\omega_b}$
速応性	ω_n	ω_n を増大すると速応性が増す（代表根で指定する）	$t_s \approx \dfrac{4}{\zeta\omega_n}$ ： $\pm 2\%$ $t_s \approx \dfrac{3}{\zeta\omega_n}$ ： $\pm 5\%$
減衰性	M_P	M_P が増大すると減衰率が小さくなる（行き過ぎ量 P_m が増える）	$M_P = \dfrac{1}{2\zeta\sqrt{1-\zeta^2}}$
減衰性	θ, ζ	複素極の角度 θ が大きくなると減衰率が小さくなる（行き過ぎ量 P_m が増える）	$P_m = e^{-\dfrac{\zeta}{\sqrt{1-\zeta^2}}\pi}$

8.4.2 開ループ特性（開ループからの閉ループ応答の推定）

本項では，開ループ周波数応答のゲイン交点周波数 ω_g と位相余有 ϕ より，閉ループ単位ステップ応答の最大行き過ぎ量 P_m，最大行き過ぎ時間 t_p を求める方法を示す。

4.5.3 項で算出した直流モータの位置制御系が**図 8.13** で与えられるとする。この一巡伝達関数（開ループ伝達関数）$G_{ol}(s)$ は

$$G_{ol}(s) = \frac{K_a K_m}{s(1+T_m s)} = \frac{K}{s(1+T_m s)} \tag{8.40}$$

となり，フィードバック接続された閉ループ伝達関数 $G_{cl}(s)$ は

$$\frac{\theta(s)}{\theta_r(s)} = \frac{G(s)}{1+G(s)} = \frac{1}{\dfrac{T_m}{K}s^2 + \dfrac{1}{K}s + 1} = \frac{\omega_n^2}{s^2 + 2\zeta\omega_n s + \omega_n^2} \tag{8.41}$$

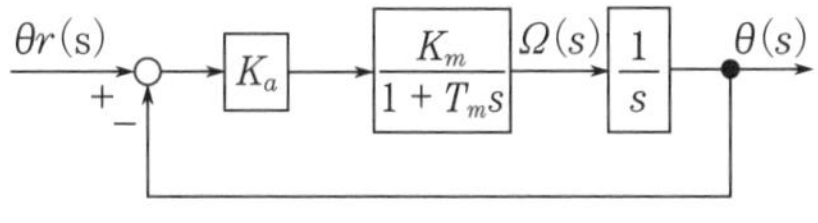

図 8.13 直流モータの位置制御系

156   8. フィードバック制御系の設計

となる。ただし，減衰比：$\zeta = 1/2\sqrt{KT_m}$，固有振動数：$\omega_n = \sqrt{K/T_m}$ とする。

制御対象の周波数特性が与えられたとして，直結フィードバックを施したときの単位ステップ応答を求めよう。6章より $s = j\omega$ を代入することで周波数伝達関数が求められる。すなわち，開ループ周波数伝達関数 $G_{ol}(j\omega)$ が得られると閉ループの周波数応答は

$$G_{clo}(s) = \frac{G_{ol}(j\omega)}{1 + G_{ol}(j\omega)} \tag{8.42}$$

となる。単位ステップ応答のフーリエ変換は $1/j\omega$ であるから，フィードバック系の単位ステップ応答はフーリエ逆変換より

$$y(t) = \mathcal{F}^{-1}\left\{\frac{G_{ol}(j\omega)}{1 + G_{ol}(j\omega)} \cdot \frac{1}{j\omega}\right\} \tag{8.43}$$

を計算すればよい。このように開ループ周波数応答が得られればフーリエ変換とフーリエ逆変換を用いて閉ループのステップ応答を求めることができる。しかし，実験をして得られた周波数データを利用する場合は，周波数データの内・外挿計算，式(8.43)のフーリエ変換の計算が必要となり面倒である。

そこで，より実用的に開ループ周波数応答のゲイン交点周波数 ω_g と位相余有 ϕ が得られたときに，この開ループ系に直結フィードバックを施したときの閉ループ系のステップ応答の特徴を推定する方法を検討しよう。開ループ周波数応答のゲイン交点周波数 ω_g と位相余有 ϕ を閉ループ単位ステップ応答の特徴量と関係づけるため，一般化された図 **8.14** を考える。閉ループ系は開ループ系に等価変換することが可能なので，振動特性 $(0 < \zeta < 1)$ を持つ2次遅れ系として考えることができる。

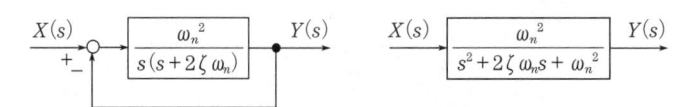

図 **8.14** 閉ループステップ応答の推定
(閉ループと開ループの等価変換)

8.4 閉ループ過渡特性

まず，位相余有を求めよう．ゲイン交点周波数 ω_g における開ループ周波数応答のゲインが 1 であることから

$$|G_{ol}(j\omega_g)| = \left|\frac{\omega_n^2}{j\omega_g(j\omega_g + 2\zeta\omega_n)}\right| = \left|\frac{\dfrac{\omega_n}{2\zeta}}{j\omega_g\left(1 + \dfrac{j\omega_g}{2\zeta\omega_n}\right)}\right| = 1 \quad (8.44)$$

となる．ここで，$x = \omega_g/\omega_n$ とおくと

$$|G_{ol}(j\omega_g)| = \frac{\dfrac{1}{2\zeta x}}{\sqrt{1 + \left(\dfrac{x}{2\zeta}\right)^2}} \quad (8.45)$$

となり，ゆえに ω_g は

$$\omega_g = \omega_n(-2\zeta^2 + \sqrt{1 + 4\zeta^4})^{\frac{1}{2}} \quad (8.46)$$

となる．位相余有は，180° からゲイン交点周波数のときの位相遅れを引いた値であるから

$$\begin{aligned}
\phi &= \pi + \angle G_{ol}(j\omega_g) \\
&= \pi - \frac{\pi}{2} - \tan^{-1}\frac{\omega_g}{2\zeta\omega_n} \\
&= \frac{\pi}{2} - \tan^{-1}\frac{1}{2\zeta}(-2\zeta^2 + \sqrt{1 + 4\zeta^4})^{\frac{1}{2}}
\end{aligned} \quad (8.47)$$

となる．式 (5.63) の最大行き過ぎ時間 t_p

$$t_p = \frac{\pi}{\omega_n\sqrt{1-\zeta^2}} \quad (8.48)$$

に式 (8.46) を代入し，整理をすると

$$\omega_g t_p = \pi\left(\frac{-2\zeta^2 + \sqrt{1 + 4\zeta^4}}{1 - \zeta^2}\right)^{\frac{1}{2}} \quad (8.49)$$

を得る．よって，位相余有 ϕ とゲイン交点周波数 ω_g，最大行き過ぎ時間 t_p とパーセント最大行き過ぎ量 θ は，それぞれ減衰係数 ζ の関数で表現できる．減

衰係数に対するそれぞれの特徴量を**図 8.15** に示す。図 8.15 から，ϕ と ω_g を規定することにより，t_p と θ を求めることができる。また，その逆の t_p と θ を規定すると，ϕ と ω_g を求めることができる。

以上より，開ループ特性を基とするフィードバック系の設計仕様をまとめると**表 8.5** となる。

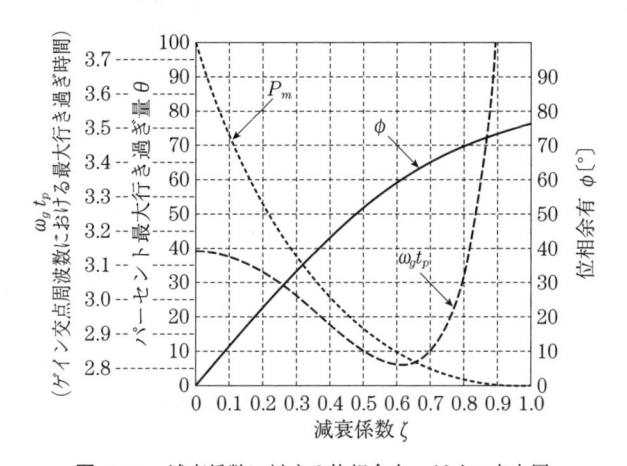

図 8.15 減衰係数に対する位相余有・ゲイン交点周波数・最大行き過ぎ量・最大行き過ぎ時間

表 8.5 開ループの設計仕様

効果	定数	調整
速応性	ω_g	ω_g で速応性を指定できる
減衰性	ϕ_m, g_m	位相余有とゲイン余有で減衰性を指定できる

一般的な経験則では，**定置制御系** (constant-value control system) のゲイン余有が 3～10dB，位相余有が 20° 以上，**サーボ系** (servo system) のゲイン余有が 10～20dB，位相余有が 40～60° あればよいといわれている。

例題 8.4 フィードバック制御系を設計する際，一巡伝達関数の周波数応答（ボード線図）より，位相余有 ϕ は 40°，ゲイン交点周波数 ω_g は 4.5rad/s と読み取った。この一巡伝達関数に直結フィードバックを施す。単位ステッ

プ入力に対する減衰係数 ζ，パーセント最大行き過ぎ量 θ，最大行き過ぎ時間 t_p を求めよ。

【解答】 図 8.15 より，$\phi = 40°$ であるから $\zeta \approx 0.37$，$\theta \approx 28\%$，$\omega_g t_p \approx 2.96$ と読み取れる。また，$\omega_g = 4.5\,\mathrm{rad/s}$ より，$t_p = 0.66\,\mathrm{s}$ となる。 ◇

8.4.3 ロバスト性

実際の制御対象と微分方程式や伝達関数等で表された数学モデルの間には必然的に誤差が生じる。また，気候や運転条件等により，数学モデルのパラメータには小さな変動や摂動が現れる。このようなモデルの不確かさが制御系へ影響を与える指標は，**ロバスト性** (robustness) と呼ばれる。制御系のロバスト性が強ければ強いほど，モデルの不確かさによる影響を制御系が受けにくくなる。数学モデルを基にした制御系の設計は**モデルベースド設計** (model based design) と呼ばれ，モデルの不確かさが存在しても敏感に反応しない，ロバスト（頑健）な制御系を設計する必要がある。

式 (8.2)〜(8.3) に示したゲイン $|S(s)|$ と $|T(s)|$ の最大値は，ロバスト性を示す便利な指標であり，フィードバック系の設計仕様として利用される。すべての周波数における $|S(j\omega)|$ の最大値 M_S は

$$M_S \triangleq \max_{\omega} |S(j\omega)| \tag{8.50}$$

と定義される。また，$|T(j\omega)|$ の最大値 M_T は

$$M_T \triangleq \max_{\omega} |T(j\omega)| \tag{8.51}$$

と定義される。ここで，M_T は 8.4.1 項のピークゲイン M_P と等しくなることに注意しよう。一般的な設計仕様の M_T と M_S の値は

- $M_T = 1.0 \sim 1.5$
- $M_S = 1.2 \sim 2.0$

が好ましいとされる。

ここで，モデル変動と感度関数 $S(s)$ および相補感度関数 $T(s)$ の関係を考

える。いま，制御対象 $P(s)$ が**ノミナル値** (nominal value) [†]の $P_n(s)$ から $dP(s)$ だけ変動すると，その伝達関数は

$$\tilde{P}(s) = P_n(s) + dP(s) \tag{8.52}$$

と表現できる。式 (8.52) のような変動は**加法的** (additive) 変動と呼ばれる。制御対象 $P(s)$ が $dP(s)$ の変動を伴うと，相補感度関数 $T(s)$ もノミナル値の $T_n(s)$ から $dT(s)$ だけ変動する。その伝達関数は

$$\tilde{T}(s) = T_n(s) + dT(s) \tag{8.53}$$

となる。

$dP(s)$ が $dT(s)$ に関与する度合いを感度と定義すれば

$$\text{感度} = \frac{\dfrac{dT(s)}{T(s)}}{\dfrac{dP(s)}{P(s)}} = \left(\frac{dT(s)}{dP(s)}\right) \cdot \frac{P(s)}{T(s)} \tag{8.54}$$

と表現できる。式 (8.54) の括弧内を，$T(s)$ の定義式 (8.2) を代入して計算すると

$$\begin{aligned}
\frac{dT(s)}{dP(s)} &= \frac{1}{dP(s)} \left\{ \frac{P(s)C(s)}{1 + P(s)C(s)} \right\} \\
&= \frac{C(s)(1 + P(s)C(s)) - P(s)C(s) \cdot C(s)}{\{1 + P(s)C(s)\}^2} \\
&= \frac{C(s)}{\{1 + P(s)C(s)\}^2}
\end{aligned} \tag{8.55}$$

となる。さらに，式 (8.55) に $S(s)$ の定義式 (8.3) をあてはめれば

$$\frac{dT(s)}{dP(s)} = C(s)S(s)^2 \tag{8.56}$$

となる。式 (8.56) を式 (8.54) に代入すると

$$\text{感度} = \frac{\dfrac{dT(s)}{T(s)}}{\dfrac{dP(s)}{P(s)}} = \frac{1}{1 + C(s)P(s)} = S(s) \tag{8.57}$$

[†] 公称値とも呼ばれ，制御対象の数学モデルにおけるパラメータの代表的な値のこと。

となる．すなわち，モデル変動が相補感度関数 $T(s)$ に関与する感度は感度関数 $S(s)$ と等しくなることを意味する．$S(s)$ が感度関数と呼ばれる由縁が理解できよう．

8.4.1 項で示したように，$S(s)$ と $T(s)$ は閉ループ系の速応性と減衰性に対する感度を規定できた．一方，ロバスト性はそれぞれのゲインの最大値で評価できる．M_T と M_S はゲイン余有と位相余有に関連して

$$g_m \geq \frac{M_S}{M_S - 1}, \quad \phi_m \geq 2\sin^{-1}\left(\frac{1}{2M_S}\right) \tag{8.58}$$

$$g_m \geq 1 + \frac{1}{M_T}, \quad \phi_m \geq 2\sin^{-1}\left(\frac{1}{2M_T}\right) \tag{8.59}$$

となる．このようにロバスト性に対する設計仕様は，表 8.6 に示すように，ゲイン余有と位相余有を基に指針を立てることができる．

表 8.6 ロバスト性の設計仕様

効果	定数	調整
ロバスト性	M_S, M_T	ゲイン余有と位相余有との関係より評価できる

8.5 PID 制御の基本構成

PID 制御は比例・積分・微分の 3 要素からなるシンプルな構造であり，産業界で最も利用されている制御方法である．制御対象は実世界に存在する複雑な高次のシステムであるが，高々三つの調整パラメータしか持たない低次数の PID 制御で多くの成功を収めてきた．このように複雑な制御対象に対応するため，さまざまな実践的ノウハウが存在する．本節では，PID 制御の基本構成を説明する．

8.5.1 比例動作

比例動作のみの制御は **P 制御** (P control) と呼ばれる．比例動作は偏差に比

例した修正を行うので

$$u(t) = K_p e(t) + u_b \tag{8.60}$$

と表現できる．ここで，$u(t)$ はコントローラの出力（操作量），K_p は比例ゲインと呼ばれる．通常，比例ゲインは無次元である．$e(t)$ は偏差，u_b はバイアスである．

比例制御の欠点は，目標値変更や外乱の印加によって起こる偏差をゼロにすることができず，定常偏差（オフセット）が残ってしまうことである．定常偏差を解消するには，バイアス u_b を手動で調整し，平衡点（現在の定常値）をずらして修正する必要がある．偏差をゼロにできれば，結果的に P 制御の出力が $u(t) = u_b$ となり，希望の定常状態で平衡を保つ．u_b の調整には，その初期値を $(u_{max} + u_{min})/2$ とする場合が多いが，試行錯誤で何度も手動調整する必要がある．

8.5.2 積分動作

積分制御はリセット制御ともいわれる．これは，積分制御が比例制御の残した定常偏差を取り除くことに由縁している．積分動作は，偏差を時間積分して修正を行うので

$$u(t) = \frac{1}{T_i} \int_0^t e(t^*) dt^* \tag{8.61}$$

と表現できる．ここで，T_i は積分時間または**リセット時間** (reset time) と呼ばれ，単位は時間である．産業界では $1/T_i$ をリセット率と呼ぶ場合がある．

比例制御はゲイン K_p に比例した大きさを操作量にするのみであった．一方，積分動作はどんなに小さな偏差であっても偏差をゼロにするよう，操作量を適切な大きさに変化し続ける．すなわち，$e(t^*) = 0$ になるまで $u(t)$ を時間とともに変化し続けることができる．一度 $e(t^*)$ がゼロである定常状態に落ち着き，その後に外乱や目標値変更による小さな偏差を生じると，その時点から積分動作が再開する．ある時刻から積分動作が再開することを強調するため，式 (8.61)

では積分項の時間 t に t^* を用いている．積分動作は，コントローラ出力または制御対象入力に限界値が存在し，それを超えた値にできずに限界値のままとなる**飽和** (saturation) 状態（非線形）にならない限り，理想の特性を得ることができる．

積分演算は一定の時間が経過しないと効果が現れないため，積分制御のみのコントローラは実装されない．比例制御は瞬時に反応するので，一般に比例制御と積分制御を組み合わせた **PI 制御** (PI control) が用いられる．PI 制御は

$$u(t) = K_p \left\{ e(t) + \frac{1}{T_i} \int_0^t e(t) dt \right\} + u_b^\dagger \tag{8.62}$$

と表すことができる．式 (8.62) のラプラス変換は

$$U(s) = K_p \left(1 + \frac{1}{T_i s} \right) E(s) = K_p \left(\frac{T_i s + 1}{T_i s} \right) E(s) \tag{8.63}$$

となる．式 (8.63) のブロック線図は**図 8.16** のように描ける．

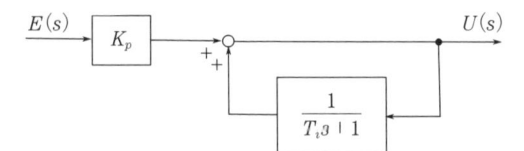

図 8.16 比例制御へ正帰還で積分制御が導入される

モータ制御等の応答速度が速く，センサにノイズを含む制御対象の場合には，後述する微分制御を導入するとノイズを増幅させるので，微分制御のない PI 制御が適用される．このため，産業界の PID コントローラの 70% が PI 制御を採用している．

ここで，積分時間 T_i の役割を考えよう．図 8.16 のブロック線図は，定常状態にて比例制御が残したオフセットが，出力フィードバックに含まれる時定数 T_i を持つフィルタによって自動的に補正（リセット）されることを意味する．偏差がステップ状に変化したとき，$t=0$ で比例制御が大きさ K_p の素早い補償を行い，積分制御が $t=T_i$ でその比例制御の修正分 (K_p) と同じ補償を加

---

† PI 制御におけるバイアス u_b は，計測センサのドロップ電圧などの測定バイアスである．例題 8.3 を参照．

える．すなわち，積分動作は比例動作の1回分に相当する補償を細かな繰り返し動作で行っていることになる．産業界で用いられるリセット率の由縁は $1/T_i$ が回数／時間を表しており，例えば $T_i = 200$ 〔ms〕ならば5回／秒の修正動作を積分制御が行っている．以上より，T_i の単位が時間である由縁とわかる．

積分動作には，もう一つの重要な点がある．積分量が蓄積され保存されることである．制御量が定常状態に偏差なく収束したとき，これまでの積分量が保存され，その積算量に等しい操作量を出力し続ける．例えば，空いている真っ直ぐな道路を自動車で運転しているとき，希望の一定速度に到達すると，アクセル位置を一定の位置で固定することに相当する（同じことを比例制御で例えるならば，アクセルを踏んだり離したりを繰り返してしまう）．したがって，積分動作は希望の定常状態と平衡を保つことができる一定の操作量を固定させる役割を持っている．積分動作の出力は，外乱応答を評価する最適基準 IE と密接に関係しており，詳細は 8.6.6 項にて説明する．

8.5.3 微 分 動 作

微分動作は閉ループの安定性を改善するために用いられる．微分動作は予見動作とも呼ばれる．偏差の変化率 $de(t)/dt$ を基に将来の偏差の挙動を予見して動作するので

$$u(t) = T_d \frac{de(t)}{dt} + u_b \tag{8.64}$$

と表現できる．ここで，T_d は微分時間と呼ばれ，単位は時間である．

比例制御では偏差の大きさのみを比例して修正動作を行い，偏差の変化率を考慮していない．積分動作では，積分演算のためにある一定の時間が経過しないと修正動作が利かない．一方，微分動作は比例制御や積分制御ではできない予見した動作が可能となる．理想的な微分動作は，偏差の変化率に比例させることで修正を行う．例えば，自動車を運転中，急な坂を下り始め，その先に急カーブがあるとき，加速していく自動車の状態を考慮し，カーブの手前までにカーブを曲がれるよう予見し，ブレーキで自動車の走行速度を下げることに相

当する．

　偏差の変動がない（すなわち定常状態に整定した）ときには，微分動作の出力 $u(t)$ はゼロになる．このため，微分動作のみでは使用できない．一般には，比例制御と組み合わせた **PD 制御** (PD control) または，比例制御と積分制御と組み合わせた PID 制御が行われる．

　PD 制御の伝達関数は

$$U(s) = K_p(1 + T_d s)E(s) \tag{8.65}$$

となる．PD 制御は，高周波数領域における一巡伝達関数の位相を進めることにより，閉ループ系の安定性を改善する目的で使われる．ここで，PD 制御の動作をより詳しくみてみよう．時刻 t における偏差 $e(t)$ から微分時間 T_d だけ進んだ偏差 $e(t+T_d)$ をテイラー展開すると

$$e(t+T_d) \approx e(t) + T_d \frac{de(t)}{dt} \tag{8.66}$$

となり，このラプラス変換は式 (8.65) の $(1+T_d s)E(s)$ 部分と等しい．すなわち，図 **8.17** に示すように，PD 制御は時刻 t での接線から時刻 T_d 先の将来を予測していることがうかがえる．よって，線形近似による時刻 T_d 先の値に K_p 倍することが PD 制御の本質である．

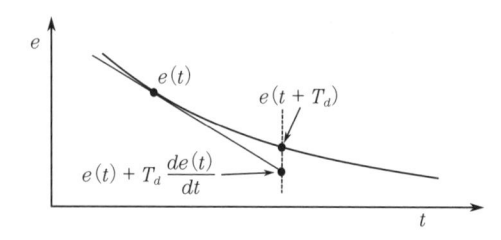

図 **8.17** $e(t+T_d)$ のテイラー展開

　PD 制御は積分動作を含まないため，定常偏差をゼロにできないことから，その適用数は限られる．例えば，ロボット制御の間接角の位置制御やサーボモータの速度制御に PD 制御が用いられているが，前者は制御対象に速度から位置を積分する構造が含まれていて，後者は制御回路に積分器が含まれているため，それらに PD 制御を付加するだけで 1 型サーボ系が構成できる．結果として，制御系全体で PID 制御が実現できていることに相当する．

8.5.4 PID 制御の基本形

一般の産業用調節計は，比例動作と積分動作と微分動作を組み合わせた PID 制御が実装されている．

PID 制御の基本形は

$$u(t) = K_p \left\{ e(t) + \frac{1}{T_i} \int_0^t e(t)dt + T_d \frac{de(t)}{dt} \right\} \tag{8.67}$$

と表すことができる．式 (8.67) をラプラス変換すると

$$U(s) = K_p \left(1 + \frac{1}{T_i s} + T_d s \right) E(s) \tag{8.68}$$

となる．式 (8.68) のブロック線図は図 **8.18** のように描ける．

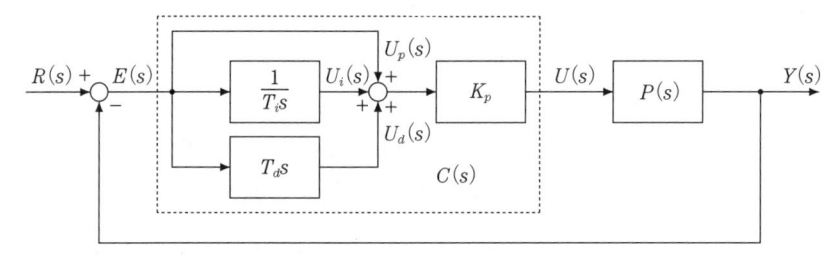

図 **8.18** PID 制御の基本形

8.6 PID 制御の実装

式 (8.68) で示した PID 制御の基本形は，実際にそのまま利用されることは少ない．ここでは産業応用としてよく使われるおもな改良形や実装を説明する．

8.6.1 微分キック

運転，操業等の必要性から，目標値をステップ状に急変させなければならないことがある．そのような目標値変更は，微分動作により大きな操作量が発生してしまい，別の問題を引き起こすことがある．このような微分による急激な動作は，**微分キック** (derivative kick) と呼ばれる．

この微分キックを避けるためには，偏差（＝目標値－制御量）を微分するのではなく，制御量（＝0－制御量）をそのまま微分すればよい．つまり，PID制御の基本形である式 (8.68) を

$$U(s) = K_p \left\{ E(s) + \frac{1}{T_i s} E(s) - T_d s Y(s) \right\} \tag{8.69}$$

と変更する．式 (8.69) は制御量を微分するため，微分項の符号がマイナスに変わる点に注意しよう．式 (8.69) は**微分先行型 PID 制御** (PI-D control) と呼ばれ，ブロック線図は図 **8.19** のように描ける．微分動作が制御量の微分に変更されたことにより，比例動作と積分動作が独立した構造となり，後述するアンチワインドアップ等を付加しやすくなる利点も出てくる．

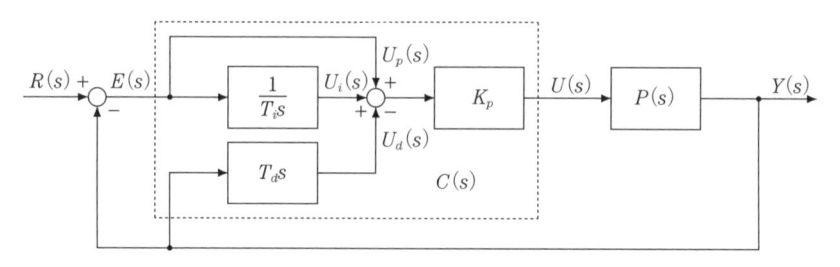

図 **8.10** 微分先行型 PID 制御

8.6.2 不完全微分

純粋な微分動作をコントローラに実装するのは困難であるため，実用的には，**不完全微分** (incomplete derivative) が用いられる．微分キックを考慮した PID 制御則の式 (8.68) に不完全微分を組み入れると

$$U(s) = K_p \left\{ E(s) + \frac{1}{T_i s} E(s) - \frac{T_d s}{1 + s \dfrac{T_d}{\alpha}} Y(s) \right\} \tag{8.70}$$

となる．ここで，α は**微分ゲイン** (derivative gain) と呼ばれ，微分動作の幅と高さを決めるパラメータである．一般に α の値は 10 前後の値に固定されることが多い．

不完全微分を用いると，微分動作の難しさの原因である高周波ノイズに弱いことにも対応できる．不完全微分は時定数 T_d/α の1次遅れ系であることから，高周波成分が不完全微分によりフィルタされ，低周波成分用の擬似微分として動作する．すなわち，高周波ノイズは微分されても $K_p\alpha$ 倍にとどまる．

8.6.3 目標値重み

式 (8.68) の PID 制御の基本形において，比例動作部分を目標値 $R(s)$ と制御量 $Y(s)$ に分けて考えると

$$U(s) = K_p \left[\{bR(s) - Y(s)\} + \frac{1}{T_i s}E(s) + T_d s E(s) \right] \tag{8.71}$$

と変形できる．ここで，$b(0 \leq b \leq 1)$ は**目標値重み** (set point weighting) と呼ばれ，目標値追従特性を任意に改善できる係数である．**図 8.20** は目標値重み b の異なる値による目標値応答である．ステップ外乱は 30 秒から 35 秒に印加されている．偏差を積分して外乱を抑制する積分動作の効果を変えることなく，b の値を変化させることにより，目標値追従特性のみが改善できる．コントローラの調整を外乱抑制を重視したハイゲインに設定し，その後にオーバーシュートを解消するときの実践的な方法である．

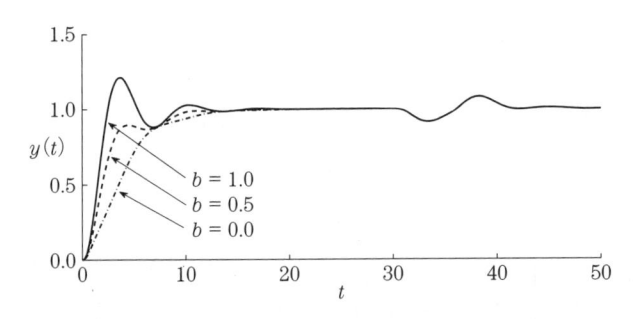

図 8.20 目標値重み b の異なる値による応答

8.6.4 比例動作・積分動作・微分動作の実装

PID 制御における比例動作，積分動作，微分動作の実装方法は，技術の発展経

8.6 PID 制御の実装

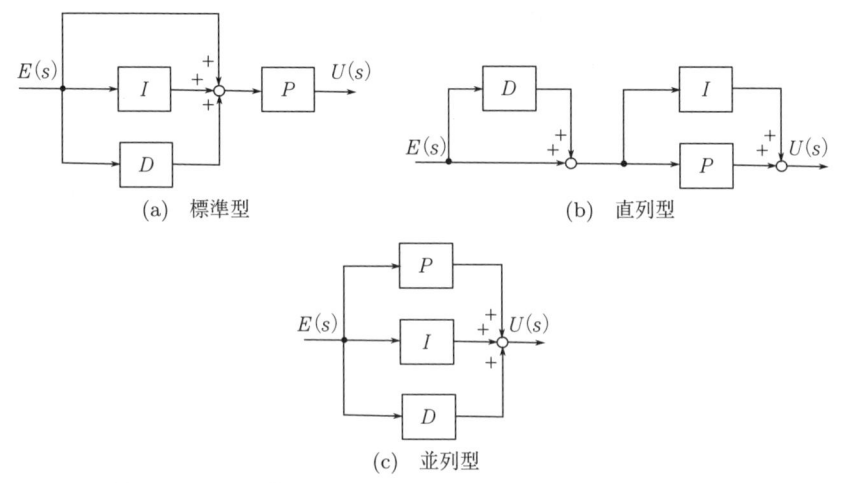

(a) 標準型

(b) 直列型

(c) 並列型

図 8.21　PID 制御における比例動作・積分動作・微分動作の実装方法

緯より，図 8.21 に示すような標準型，直列型，並列型の 3 種類に分類される。型によってプログラムの演算順序が異なるため，制御性能に影響が現れる。

（1）標　準　型　　図 8.21(a) に示すように，標準型は多くの本で紹介されている式 (8.68) の PID 制御の基本形に沿った実装方法である。式 (8.68) に不完全微分と目標値重みを付加すると

$$U(s) = K_p \left\{ bR(s) - Y(s) + \frac{1}{sT_i}E(s) + \frac{sT_d}{1 + \frac{sT_d}{\alpha}}E(s) \right\} \quad (8.72)$$

と表現できる。

（2）直　列　型　　図 8.21(b) に示すように，直列方は微分演算を先に行い，その結果を比例演算および積分演算する。初期の産業用コントローラはハードウェアで実装され，おもに空気式の機械部品で構成されていた。そのため，微分動作の T_d による修正を比例動作と積分動作の演算と独立に設定したい理由で，直列型が用いられていた。しかし，現在のコントローラはマイコン等のソフトウェアで実装されるため，直列型は使われない。この伝達関数は

$$C(s) = K'\left(1 + \frac{1}{sT_i'}\right)(1 + sT_d') \quad (8.73)$$

となる。式 (8.73) に不完全微分と目標値重みを付加すると

$$U(s) = K'_p \left\{ \left(b + \frac{1}{sT'_i} \right) \frac{1+sT'_d}{1+sT'_d \alpha} R(s) - \left(1 + \frac{1}{sT'_i} \right) \frac{1+sT'_d}{1+sT'_d \alpha} Y(s) \right\} \quad (8.74)$$

と書ける。ここで、$T_i \geq 4T_d$ のとき、K_p, T_i, T_d を用いると、K'_p, T'_i, T'_d は

$$K'_p = \frac{K_p}{2} \left(1 + \sqrt{1 - \frac{4T_d}{T_i}} \right) \quad (8.75\text{a})$$

$$T'_i = \frac{T_i}{2} \left(1 + \sqrt{1 - \frac{4T_d}{T_i}} \right) \quad (8.75\text{b})$$

$$T'_d = \frac{T_i}{2} \left(1 - \sqrt{1 - \frac{4T_d}{T_i}} \right) \quad (8.75\text{c})$$

の関係が成り立つ。

（3）並列型　図 8.21(c) に示すように、並列型は標準型を分解した構成で、比例出力 $U_p(s)$, 積分出力 $U_i(s)$, 微分出力 $U_d(s)$ に分けて演算し、それらの和

$$\begin{aligned} U(s) &= U_p(s) + U_i(s) + U_d(s) \\ &= K_p\{bR(s) - Y(s)\} + \frac{K_i}{s}E(s) + \frac{K_d s}{1 + \frac{sK_d}{\alpha K_p}} E(s) \end{aligned} \quad (8.76)$$

をとる。ここで

$$K_i = \frac{K_p}{T_i}, \quad K_d = K_p T_d \quad (8.77)$$

の関係が成り立つ。特に、産業界では比例出力 $U_p(s)$ を pmv (proportional manipulated variable), 積分出力 $U_i(s)$ を imv (integral manipulated variable), 微分出力 $U_d(s)$ を dmv (derivative manipulated variable) と呼ぶ。

並列型は、比例動作、積分動作、微分動作を別々にモニタすることが可能で、それぞれにフィルタ付加ができるため、実用的である。また、定常状態に整定すると、$U_i(s)$ の値が積分の状態量と等しくなり、**バンプレス切換** (bumpless switching)[†] を行う際、積分の初期化等が行いやすい。これらのような多くの

[†] 例えば、手動制御から自動制御に切り換える際、操作量が不連続に変化して制御対象に大きい外乱を与えないようにすること。

特長があるため、産業界では並列型がよく利用される。なお、8.6.6項で説明するが、$U_i(s)$ は積分誤差 IE と密接に関連している。

8.6.5 比 例 帯

産業用の汎用調節計には、比例制御部に**比例帯** (proportional band) と呼ばれる機能が付加されている。比例ゲイン K_p と比例帯 $PB(\%)$ には

$$K_p = \frac{入力レンジ}{フルスケール} \cdot \frac{100}{PB(\%)} = \frac{u_s}{f_s} \cdot \frac{100}{PB(\%)} \tag{8.78}$$

$$u_s = u_{max} - u_{min} \tag{8.79}$$

の関係がある。ここで、u_s は入力レンジ、f_s はフルスケール、$PB(\%)$ は比例帯の100%換算時の値、u_s は操作量の操作範囲である。f_s は調節計のマイコンプログラムで任意に設定できる制御量の最大幅であり、温度調節計の場合には一般に初期値として $1\,200°C$ となっている。

比例帯 $PB(\%)$ は、以下の式で物理的な比例帯 $Pb(°C)$（この場合は温度幅）に変換できる。

$$Pb(°C) = f_s \cdot \frac{PB(\%)}{100} \tag{8.80}$$

図 **8.22** に比例帯の概念を示す。横軸は制御量 PV、縦軸は操作量 MV であり、SP は目標値を意味する。操作量の操作範囲 u_s は最小値0%から最大値100%までを無次元化で表示している。

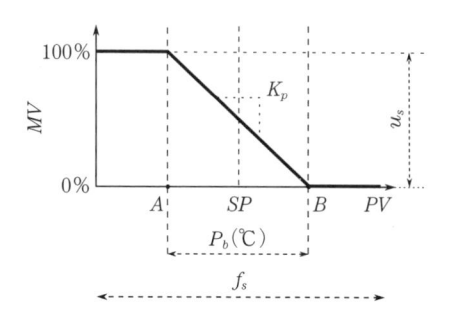

図 **8.22** 比例帯の概念図

いま，比例制御（P制御）を例に図8.22の比例帯を説明しよう．偏差が十分に大きいときに比例制御を適用すると，目標値手前の点 A までは100%操作量が制御対象に印加され，徐々に偏差が小さくなってくると，点 A と点 B の間で比例ゲイン K_p による操作量が制御対象に印加される．偏差がゼロ（制御量と目標値 SP が等しい）のときは，50%の操作量が制御対象に印加されるよう，比例帯の位置が設定されている．なんらかの理由で平衡状態が崩れ，制御量が点 B を超えた場合，操作量は0%となる．フィードバック制御系の平衡点が50%ではない場合は，点 A と点 B の位置を横軸方向に平行移動させ，所期の目標値 SP に変更する．

図8.22において，比例ゲイン K_p は傾きであり，点 A と点 B を用いれば

$$K_p = \frac{操作量の範囲}{B - A\ 間の長さ} = \frac{100 - 0}{B - A} \tag{8.81}$$

と表すことができる．温度制御を例に説明すると，点 A と点 B は比例制御を適用したい下限温度と上限温度に該当する．このように比例帯は具体的な物理量を用いて直感的に K_p の調整が行える特長を有する．

比例帯の設定は，以下の2点が重要である．

(1) 1点目は，比例帯の位置は変更できることである．図8.22の比例帯の位置は，点 A と点 B の中点が目標値 SP と等しくなるように設定されている．制御したい物理量の種類（例えば，加熱・冷却，圧力，流量）や，制御対象によって比例帯の位置を適切にずらして設定する．なお，汎用調節計での設定方法は製造メーカーによって異なる場合があるので注意が必要である．

(2) 2点目は，比例制御に積分制御を併用（PI制御またはPID制御を適用）する場合，図8.22の傾き直線は積分量によって右に並行移動していく．つまり，比例帯の比例制御の出力と積分制御の出力が合わさって操作量を制約するため，リミッタ等を考慮した設計が必要になる．

例題 8.5 温度制御系に図8.22比例帯を導入する．SP を100.0°C，u_s を

100.0%, f_s を $1\,200.0°\mathrm{C}$, K_p を 20.0 とするとき, $Pb\,(°\mathrm{C})$, $PB\,(\%)$, 点 A と点 B の温度を求めよ.

【解答】

$$PB\,(\%) = \frac{u_s}{f_s} \cdot \frac{100.0}{K_p} = \frac{100.0}{1\,200.0} \cdot \frac{100.0}{20.0} \approx 0.4\% \tag{8.82}$$

$$Pb\,(°\mathrm{C}) = f_s \cdot \frac{PB\,(\%)}{100.0} = 1\,200.0 \cdot \frac{0.4}{100.0} = 4.8\,[°\mathrm{C}] \tag{8.83}$$

点 a は $a = 100.0 - 4.8 = 95.2\,[°\mathrm{C}]$, b は $b = 100.0 + 4.8 = 104.8\,[°\mathrm{C}]$ となる.

◇

8.6.6 外乱抑制

PID 制御則が先に示した並列型（式 (8.76)）：

$$U(s) = PMV(s) + IMV(s) + DMV(s) \tag{8.84}$$

$$= K_p(bY_{sp}(s) - Y(s)) + \frac{K_i}{s}E(s) - \frac{K_d s}{1 + \frac{sK_d}{\alpha K_p}}Y(s) \tag{8.85}$$

の構造を実装したとする．いま，偏差の初期値がゼロのとき，操作量に単位ステップ外乱が印加されたとする．閉ループシステムが安定で，積分出力 $imv(t)$ により偏差をゼロに収束できたならば

$$imv(t) = u(\infty) - u(0) = K_i \int_0^\infty e(t)dt \tag{8.86}$$

となる．操作量の変化は外乱の変動量に等しくなり

$$IE = \int_0^\infty e(t)dt = \frac{1}{k_i} = \frac{T_i}{K_p} \tag{8.87}$$

を得る．このように，積分ゲイン K_i の逆数は IE と等しくなる.

また，十分な時間が経過した定常状態において，それまで行っていた制御則から異なる PID 制御則へモードを切り換えるときには，積分項を初期化する必要がある．このとき，切り換える直前の積分出力 $imv(t)$（式 (8.86)）の値を初期値にすれば，切り換え直後の応答のジャンプが少なくなる．

このように，式 (8.76) の PID 制御則を用いることにより，種々の実用的な実装が可能になる．

8.6.7 アンチワインドアップ

（1） 制御対象の入力制限　　多くの制御対象は操作量に制約条件がある．例えば，汎用調節計の出力値は，0～10V または 4～24mA の制限範囲で作動する．また，制御対象の入力自身にも動作範囲があり，温度制御で定格 64W のヒータを用いると，64W 以上の操作量を制御対象に加えられず，動作する上限値と下限値が存在する．さらに，モーションコントロールを用いる機械では，モータのスピードの変化率が装置の保護，利用する環境・人間の安全確保のために制限される．これらは，**制御対象の入力制限** (input constraints) と呼ばれる．線形動作を前提としてコントローラが設計されていた場合，制御対象の入力制限に操作量が制約されてしまうと，その閉ループ性能は期待していた線形性能から大幅に低下するだろう．

一般的な制御対象の入力制限は，大きさの制限

$$u_{real} = \begin{cases} u_{max} & (u > u_{max}) \\ u & (u_{min} \leqq u \leqq u_{max}) \\ u_{min} & (u < u_{min}) \end{cases} \quad (8.88)$$

と，変化率の制限

$$\frac{\partial u_{real}}{\partial t} = \begin{cases} v_{max} & \left(\frac{\partial u}{\partial t} > v_{max}\right) \\ \frac{\partial u}{\partial t} & \left(v_{min} \leqq \frac{\partial u}{\partial t} \leqq v_{max}\right) \\ v_{min} & \left(\frac{\partial u}{\partial t} < v_{min}\right) \end{cases} \quad (8.89)$$

で表現できる．ここで，u はコントローラが出力する理想的な操作量，u_{real} は制御対象の入力制限を受けた後の実際の操作量である．

（2） ワインドアップ現象　　いま，図 **8.23** の制御対象の入力制限[†]を含む

[†] 図中で Limit ブロックが該当，リミッタとも呼ばれる．

8.6 PID 制御の実装

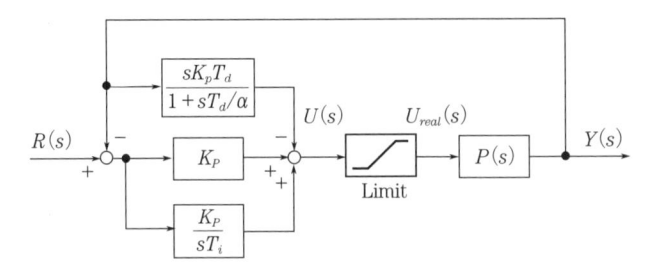

図 8.23 制御対象の入力制限を含む PID 制御

PID 制御系を考える．目標値 r に正のステップ変更を与えると，理想的な操作量 u に不連続が発生する．これは，実際の操作量 u_{real} が制御対象の入力端で u_{max} に飽和してしまい，理想的な操作量 u よりも小さな値になるからである．

この結果，コントローラが予定していた理想的な制御量 y よりも少なくて遅い応答値となり，偏差が増大してしまう．PID 制御の積分項は入力制限で減らない偏差も積分してしまうため，入力制限がない場合よりも大きな積分値を蓄積することになる．

そのうち，制御量 y は目標値 r に近づくが，過大な積分値のために実際の操作量 u_{real} は飽和したままである．理想的な操作量 u は制御量 y が目標値を超えて偏差の符合がマイナスに変わり，かなりの時間が経過しないと減少に転じない．最終的に入力制限の影響は，制御量 y に過大なオーバーシュートを発生させ，整定時間が非常に長くなってしまう．以上の現象は**ワインドアップ現象** (windup phenomenon, integrator windup) と呼ばれる．

（3） アンチワインドアップの実装と効果　　ワインドアップ現象を解決する方法は，**アンチワインドアップ** (anti-windup) と呼ばれる．稀に，アンチワインドアップを適用するとオーバーシュート防止が可能になるという説が見受けられるが，これは誤りである．ワインドアップ現象は実際の操作量の飽和によって，コントローラの積分値が過大となることが原因である．入力制限がなくオーバーシュートが発生している場合は，アンチワインドアップを施してもオーバーシュートを解消することはできない．ワインドアップ現象を解決するには，実際の操作量が飽和している間に余計な積分値を減少させればよい．以

下に二つのアンチワインドアップの方法を説明しよう。

図 **8.24** に自己整合型のアンチワインドアップを示す。$u - u_{real}$ の差を積分項へフィードバックするループを追加し，アンチワインドアップを実現する。$u - u_{real}$ の差がない（線形範囲で動作）ときは追加したループは動作しない。

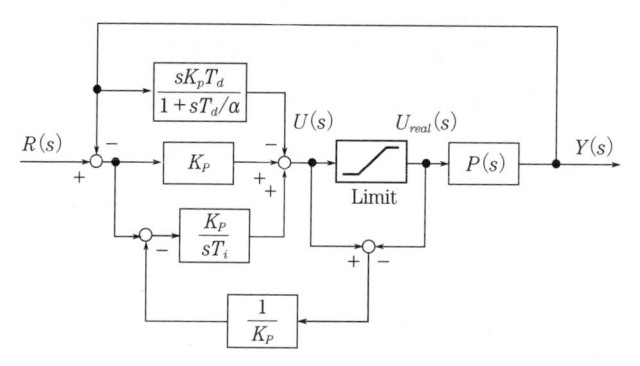

図 **8.24** アンチワインドアップ制御（自己整合型）

図 **8.25** は自己整合型に時定数 T_a の調整項を含んだアンチワインドアップである。微分制御と積分制御の強さを考慮し，T_a によってワインドアップ減少の修正量を調整する。通常，$T_a = \sqrt{T_i T_d}$ を初期値として導入する。

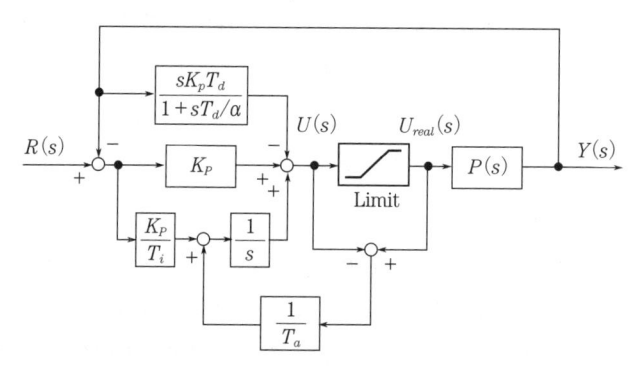

図 **8.25** アンチワインドアップ制御（T_a 調整型）

図 **8.26** にアンチワインドアップの温度制御への適用例を示す。図 8.26(a) は，制御対象の入力制限の有無による制御対象の入出力応答の違いを示す。入力制限がないと，コントローラは理想的な操作量として最大 460W のヒータ入

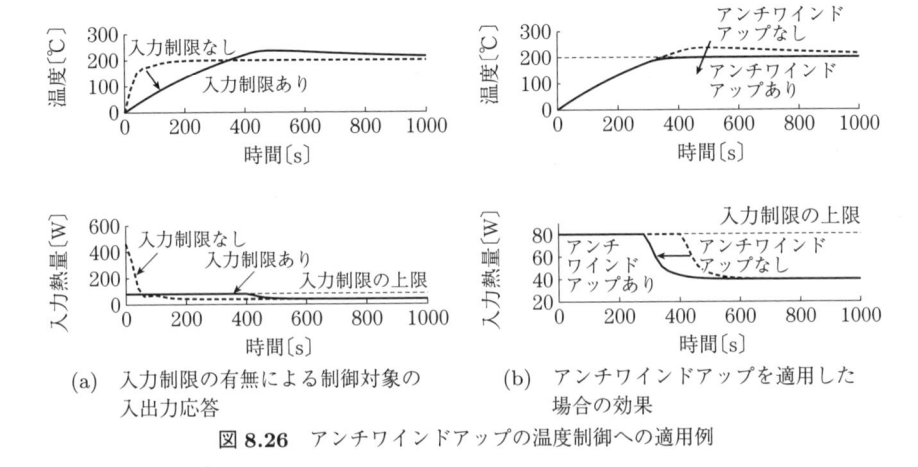

8.7 PID パラメータのチューニング

(a) 入力制限の有無による制御対象の入出力応答

(b) アンチワインドアップを適用した場合の効果

図 8.26 アンチワインドアップの温度制御への適用例

力を制御対象に印加する．しかし，実際の装置には定格 80W のヒータが用いられているため，80W の入力制限が発生し，実際の応答は実線のような遅い応答になる．この結果，偏差を積分する面積が増加するため，オーバーシュートが生じている．図 8.26(b) はアンチワインドアップを適用した場合の効果を示す．アンチワインドアップにより飽和した操作量を減ずることにより，オーバーシュートのない応答が得られている様子がわかる．

8.7 PID パラメータのチューニング

PID 制御のパラメータ K_p, T_i, T_d を適切な値に調整することは，**チューニング** (tuning) と呼ばれ，これまでに多くのチューニング方法が提案されている．本節では代表的なチューニング方法として，制御対象の開ループステップ応答波形から PID パラメータを求めるステップ応答法と，PID 制御をコントローラに実装し，その閉ループ応答から PID パラメータを求める限界感度法と極配置法の二つの方法を説明する．

8.7.1 ステップ応答法

（1） 応答波形　制御対象の開ループステップ応答の波形から PID 係数を求める方法は，**ステップ応答法** (step response method) と呼ばれる。$t=0$ におけるステップ入力に対して，図 **8.27** のような 2 種類の応答波形が得られる。図 8.27(a) は，**定位性プロセス** (steady process) と呼ばれ，自己平衡性がある応答である。図 8.27(b) は，**無定位性プロセス** (unsteady process) と呼ばれ，自己平衡性がない。

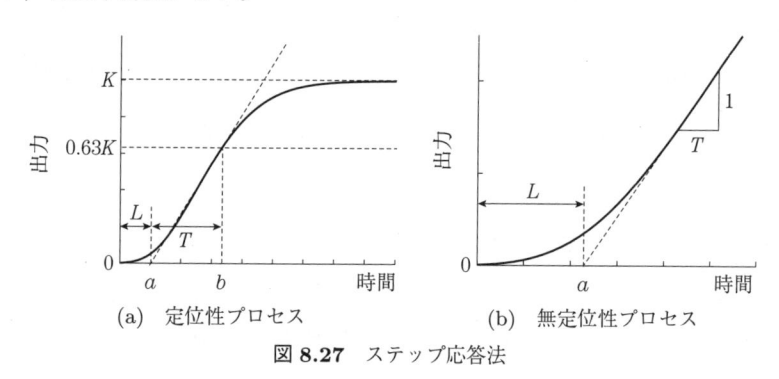

(a)　定位性プロセス　　(b)　無定位性プロセス

図 **8.27**　ステップ応答法

（2） 定位性プロセス　図 8.27(a) の定位性プロセスの場合，制御対象を 1 次遅れ＋むだ時間

$$P(s) = \frac{K}{Ts+1} e^{-Ls} \tag{8.90}$$

で近似し，以下の手順でモデル定数 K, T, L を決定する。

1) 応答波形の変曲点に接線を求める。
2) 接線が横軸と交差する点 a，応答波形の $0.63K$ の値から横軸に垂線を下ろし，交差する点 b を求める。
3) 以上より

　　ゲイン K　　：　入出力の変化量の比から求める（5 章を参照）
　　時定数 T　　：　点 b から点 a までの時間
　　むだ時間 L　：　時刻 0 から点 a までの時間
を求めることができる。

モデル定数が決定できたら，PID パラメータの調整則を適用する．さまざまな調整則が提案されているが，ここでは **CHR** の調整則 (Chien, Hrones and Reswich method) を紹介しよう．この方法は，表 8.7 の外乱抑制用と表 8.8 の目標値追従用の PID パラメータ調整則があり，かつ，おのおのにおいてオーバーシュートなしとオーバーシュート 20% の最短応答を選択できるのが特徴である．希望する設計仕様に合わせて，PID パラメータを決定すればよい．

表 8.7　PID パラメータの CHR の調整則（外乱抑制用）

目 的	条 件	制御動作	K_p	T_i	T_d
外乱　$SV=0 \to [PID] \to [P]$，d	振幅減衰比 0%	P	$\dfrac{0.3T}{KL}$	∞	0
		PI	$\dfrac{0.6T}{KL}$	$4L$	0
		PID	$\dfrac{0.95T}{KL}$	$2.4L$	$0.4L$
外乱　$SV=0 \to [PID] \to [P]$，d	振幅減衰比 20%	P	$\dfrac{0.7T}{KL}$	∞	0
		PI	$\dfrac{0.7T}{KL}$	$2.3L$	0
		PID	$\dfrac{1.2T}{KL}$	$2L$	$0.42L$

（3）無定位性プロセス　図 8.27(b) の無定位性プロセスの場合，制御対象を積分系＋むだ時間

$$P(s) = \frac{e^{-Ls}}{Ts} \tag{8.91}$$

で近似し，以下の手順でモデル定数 T，L を決定する．

1) 応答波形が直線となった時刻に漸近線を引く．
2) その漸近線と横軸との交わる点 a を求める．

表 8.8　PID パラメータの CHR の調整則 (目標値追従用)

目的	条件	制御動作	K_p	T_i	T_d
目標値 SV—[PID]—[P]	振幅減衰比 0%	P	$\dfrac{0.3T}{KL}$	∞	0
		PI	$\dfrac{0.35T}{KL}$	$1.2T$	0
		PID	$\dfrac{0.6T}{KL}$	T	$0.5L$
目標値 SV—[PID]—[P]	振幅減衰比 20%	P	$\dfrac{0.7T}{KL}$	∞	0
		PI	$\dfrac{0.6T}{KL}$	T	0
		PID	$\dfrac{0.95T}{KL}$	$1.35T$	$0.47L$

3) 以上より

　時定数 T　：　漸近線の傾き

　むだ時間 L　：　時刻 0 から点 a までの時間

を求めることができる.

モデル定数が決定できたら, PID パラメータの調整則を適用する. ここでは, **表 8.9** の **Ziegler and Nichols** のステップ応答法 (Ziegler and Nichols step response method) を紹介する.

表 8.9　Ziegler and Nichols のステップ応答法
　　　　　(無定位プロセス)

制御動作	K_p	T_i	T_d
P 制御	T/L	∞	0
PI 制御	$0.9T/L$	$3.3L$	0
PID 制御	$1.2T/L$	$2L$	$0.5L$

8.7.2　限界感度法

Ziegler and Nichols の**限界感度法** (Ziegler and Nichols frequency response method) は，制御対象とコントローラを閉ループ接続し，その応答波形（持続振動）から PID パラメータを求める方法で，以下の手順で求める．

1) T_i を最長の値 (∞)，T_d を最短の値（ゼロ）にして，積分制御と微分制御を動作させない．
2) K_p を小さな値にして，比例制御を開始する．
3) 定常状態に到達後，振幅が一定の定常振動（持続振動）が現れるまで，K_p を少しずつ大きくしていく．このときの K_p の値を K_c とする．この K_c は**限界感度** (ultimate gain) と呼ばれる．
4) 定常振動の振動周期 T_c を測定する．この T_c は**限界周期** (ultimate period) と呼ばれる．
5) K_c と T_c から表 8.10 を基に PID パラメータを求める．

表 8.10 限界感度法による PID パラメータの調整

制御動作	K_p	T_i	T_d
P 制御	$0.5K_c$	∞	0
PI 制御	$0.45K_c$	$T_c/1.2$	0
PID 制御	$0.6K_c$	$T_c/2$	$T_c/8$

限界感度法は以下の 2 点に注意しよう．

(1) 操作量の飽和を監視しながら，調整を行う必要がある．操作量が飽和すると，真の限界感度 K_c を超えて定常振動が得られるため，適切な値よりも大きな K_c が推定される．
(2) 限界感度法は 1/4 減衰を制御仕様にしており，得られた PID パラメータでは振動とオーバーシュートが発生してしまうことが多い．そのため，希望する応答になるよう，得られた PID パラメータを基に試行錯誤で再調整する必要がある．

例題 8.6 ある制御対象に単位ステップ応答と限界感度法を適用し，図 **8.28**(a) の応答と，図 **8.29**(a) の持続振動応答（限界感度 4.5）が得られた．CHR 法の目標値追従用振幅減衰比 20% と限界感度法を用いて，そ

8. フィードバック制御系の設計

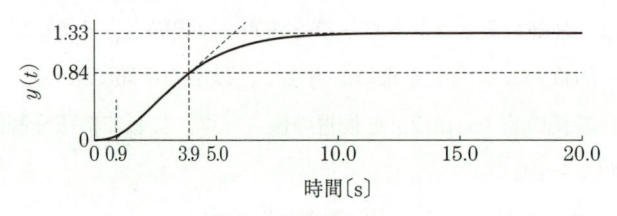

(a) 単位ステップ応答

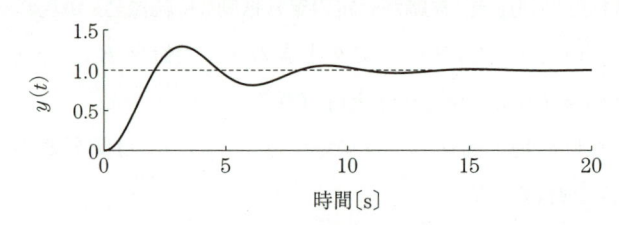

(b) PID 制御の応答

図 **8.28** CHR 法による PID パラメータの調整

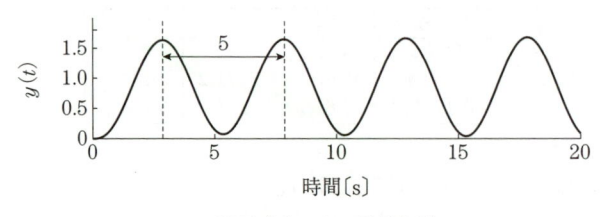

(a) 限界感度による持続振動

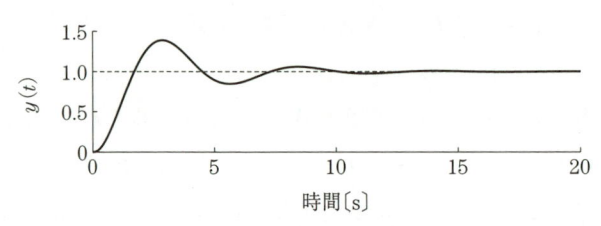

(b) PID 制御の応答

図 **8.29** 限界感度法による PID 定数の調整

れぞれ PID パラメータを求めよ。

---

(1) CHR 法

図 8.28(a) より，ゲイン $K = 1.33/1.00 = 1.33$，時定数 $T = 3.9 - 0.9 =$

3.0 [s], むだ時間 $L = 0.9$ [s] となる。表 8.5 の減衰比 20% より、PID パラメータは $K_p = 0.95T/KL = 2.38$, $T_i = 1.35T = 4.05$ [s], $T_d = 0.47L = 0.42$ [s] となる。

(2) 限界感度法

図 8.29(a) より、限界感度 $K_c = 4.5$, 限界周期 $T_c = 5$ [s] である。表 8.10 より、PID パラメータは $K_p = 0.6K_c = 2.7$, $T_i = T_c/2.0 = 2.5$ [s], $T_d = T_c/8.0 = 0.6$ [s] となる。

◇

8.7.3 極配置法

制御対象の伝達関数が既知である場合、閉ループの極を任意の伝達関数の応答となるよう極を配置する**極配置法** (pole placement method) を用いたフィードバックコントローラの設計が可能である。本節では、モータ制御等の応用で多様される 1 次遅れ系と 2 次遅れ系の制御対象に関する直接法を説明する。

(1) 1 次遅れ系 1 次遅れ系の伝達関数で与えられる制御対象

$$P(s) = \frac{K}{Ts+1} \tag{8.92}$$

に、PI 制御を用いたコントローラ

$$C(s) = K_p\left(1 + \frac{1}{sT_i}\right) \tag{8.93}$$

を適用すると、閉ループ伝達関数 $G_{cl}(s)$ は

$$G_{cl}(s) = \frac{P(s)C(s)}{1+P(s)C(s)} = \frac{\dfrac{K_pK}{T}s + \dfrac{K_pK}{TT_i}}{s^2 + \dfrac{1+K_pK}{T}s + \dfrac{K_pK}{TT_i}} \tag{8.94}$$

となり、次数は 2 次である。

これより、PI 制御の K_p と T_i を任意に選び、このフィードバック制御系が安定となるような二つの極配置を考える。式 (8.94) より、特性方程式は

$$s^2 + \frac{1+K_pK}{T}s + \frac{K_pK}{TT_i} = 0 \tag{8.95}$$

となる。一方、減衰係数 ζ と角周波数 ω_n を有する一般的な 2 次系の特性方程式は

$$s^2 + 2\zeta\omega_n s + \omega_n^2 = 0 \tag{8.96}$$

と表現できる。ここで，式 (8.95) と (8.96) の各係数を比較すると

$$\omega_n^2 = \frac{K_p K}{T T_i} \tag{8.97}$$

$$2\zeta\omega_n = \frac{1 + K_p K}{T} \tag{8.98}$$

を得る。式 (8.97) と (8.98) より，K_p と T_I について解くと

$$K_p = \frac{2\zeta\omega_n T - 1}{K} \tag{8.99}$$

$$T_i = \frac{2\zeta\omega_n T - 1}{\omega_n^2 T} \tag{8.100}$$

となる。以上より，1次遅れ系の制御対象を PI 制御でフィードバック制御するとき，任意の減衰係数 ζ と角周波数 ω_n で指定可能な 2 次遅れ系の出力応答となる極配置を行うことができる。

（2） 2次遅れ系　　つぎに，2次遅れ系の伝達関数で与えらえる制御対象

$$P(s) = \frac{K}{(T_1 s + 1)(T_2 s + 1)} \tag{8.101}$$

に，PID 制御（PI 制御）の基本形を用いたコントローラ

$$C(s) = K_p \left(1 + \frac{1}{T_i s} + T_d s\right) \tag{8.102}$$

を適用し，極配置を行うことを考える。このとき，閉ループの特性方程式は

$$s^3 + \left(\frac{1}{T_1} + \frac{1}{T_2} + \frac{K K_p T_d}{T_1 T_2}\right) s^2 \\ + \left(\frac{1}{T_1 T_2} + \frac{K K_p}{T_1 T_2}\right) s + \frac{K K_p}{T_1 T_2 T_i} = 0 \tag{8.103}$$

となる。一方，減衰係数 ζ と角周波数 ω_n に関連した二つの極と $-\alpha\omega_n$ 実数の極を有する 3 次の閉ループ伝達関数は

$$(s + \alpha\omega_n)(s^2 + 2\zeta\omega_n s + \omega_n^2) = 0 \tag{8.104}$$

と表現できる。ここで，式 (8.103) と (8.104) の各係数を比較すると

$$\frac{1}{T_1} + \frac{1}{T_2} + \frac{KK_pT_d}{T_1T_2} = \omega_n(\alpha + 2\zeta) \tag{8.105}$$

$$\frac{1}{T_1T_2} + \frac{KK_p}{T_1T_2} = \omega_n^2(1 + 2\zeta\omega_n) \tag{8.106}$$

$$\frac{KK_p}{T_1T_2T_i} = \alpha\omega_n^3 \tag{8.107}$$

となる．これらの式 (8.105)〜(8.107) より，PID パラメータは

$$K_p = \frac{T_1T_2\omega_n^2(1+2\alpha\zeta) - 1}{K} \tag{8.108}$$

$$T_i = \frac{T_1T_2\omega_n^2(1+2\alpha\zeta) - 1}{T_1T_2\alpha\omega_n^3} \tag{8.109}$$

$$T_d = \frac{T_1T_2\omega_n(\alpha+2\zeta) - T_1 - T_2}{T_1T_2\omega_n^2(1+2\alpha\zeta) - 1} \tag{8.110}$$

同様に PI パラメータは

$$\omega_n = \frac{T_1 + T_2}{(\alpha + 2\zeta)T_1T_2} \tag{8.111}$$

として得られる．

8.8 位相進み補償と位相遅れ補償

図 8.30 の直列補償の代表的な制御方法として，速応性，安定性の改善を行う**位相進み補償** (phase lead compensation) と，安定性を確保しながら定常偏差を改善する**位相遅れ補償** (phase lag compensation) がある．本節ではこれらの設計法について述べる．

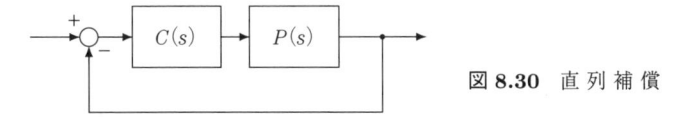

図 8.30 直列補償

8.8.1 位相進み補償

位相進み補償は，過渡特性（速応性，安定性）を改善するために用いる．位相曲線の位相交点を高周波帯域に移動させることにより，制御系の応答を速める．

（１） 位相進み補償器の特性　　位相進み補償器の基本形は

$$G_C(s) = \frac{1+sT_2}{1+sT_1} \qquad (T_1 < T_2) \tag{8.112}$$

で与えられる。図 **8.31** に位相進み補償器の周波数応答を示す。図 8.31(a) は，式 (8.112) の周波数応答であり，$1/T_2 \sim 1/T_1$ の周波数域でゲインが 20dB/dec 増加するハイパスフィルタ特性を持つ。また，位相は同じ周波数域で正になる。

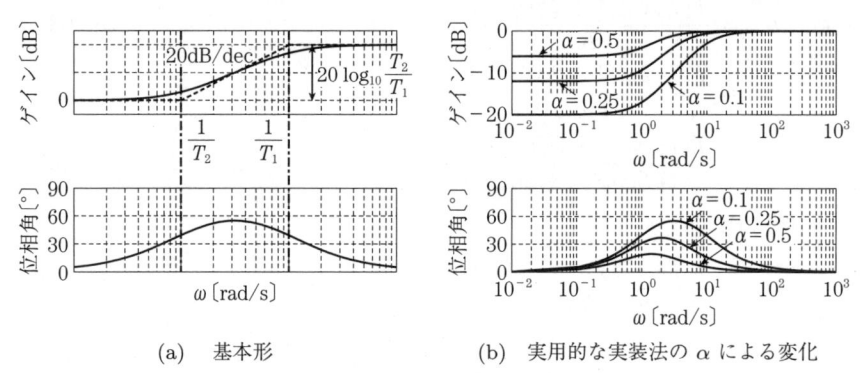

(a) 基本形　　　　　　　　(b) 実用的な実装法の α による変化

図 **8.31**　位相進み補償器の周波数応答

実用的には，式 (8.112) を

$$G_C(s) = K\alpha \frac{1+sT}{1+s\alpha T} \qquad (0 < \alpha < 1) \tag{8.113}$$

として実装する場合が多い。ここで，K はゲインを補正する前段アンプで，ゲインを変更しても位相は影響を受けないことから，フィードバック系の調整に利用できる。図 8.31(b) に，$K=1$, $T=1$ として α を変化させた式 (8.113) の周波数応答を示す。図 8.31 のボード線図と式 (8.113) からわかるように，ゲインと位相差（進み角）は

$$\begin{aligned}
g &= 20\log|G_C| \\
&= 20\log K + 20\log \alpha + 10\log\{1+(\omega T)^2\} - 10\log\{1+(\alpha\omega T)^2\}
\end{aligned} \tag{8.114}$$

$$\angle G_C = \phi(\omega) = \tan^{-1}\omega T - \tan^{-1}\alpha\omega T \tag{8.115}$$

となる。進み角はゲイン K に依存せずに T と α で決定される。

最も位相を進ませることができる周波数 ω_m は，折点周波数 $\omega_1 = 1/\alpha T(= 1/T_1)$ と $\omega_2 = 1/T(= 1/T_2)$ の対数プロットの中間点となるので，それらの幾何平均をとり

$$\log_{10} \omega_m = \frac{1}{2}\left(\log_{10}\frac{1}{\alpha T} + \log_{10}\frac{1}{T}\right) = \log_{10}\frac{1}{\sqrt{\alpha T T}} \tag{8.116}$$

より

$$\omega_m = \frac{1}{\sqrt{\alpha}T} \tag{8.117}$$

と求めることができる。位相差（進み角）ϕ は，式 (8.115) に逆三角関数の加法定理を用いると

$$\tan\phi = \frac{T\omega - \alpha T\omega}{1 + (T\omega)(\alpha T\omega)} = \frac{(1-\alpha)T\omega}{1 + \alpha(T\omega)^2} \tag{8.118}$$

となる。$\phi = \phi_m$ のとき，$\omega = \omega_m$ として，式 (8.117) を式 (8.118) に代入して整理をすると

$$\tan\phi_m = \frac{1-\alpha}{2\sqrt{\alpha}} \tag{8.119}$$

となる。また，三角比の関係から式 (8.119) の表現を変えると

$$\sin\phi_m = \frac{1-\alpha}{1+\alpha} \tag{8.120}$$

が得られる。例えば，$T = 1$ [s] で $\alpha = 0.1$ のときは，$\omega_m \approx 3.16$ [rad/s]，$\phi_m \approx 54.9°$ となる。図 **8.32** に ϕ_m と α の関係を示す。進み角を 90° 近くに

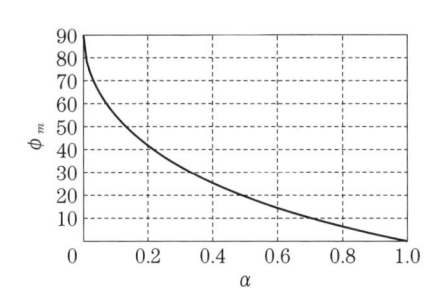

図 **8.32** 位相進み補償器の進み角（ϕ_m と α の関係）

すると，かなり小さい α にしなければならない．したがって，進み角は $70°$ までが実用的である．それ以上の進み角が必要な場合は，位相進み補償器を2段直列接続して使うことが考えられる．

（2） 位相進み補償器の効果 位相進み補償器を制御対象に直列接続したフィードバック系の効果を考える．**図 8.33** に位相進み補償器の有無による周波数応答を示す．

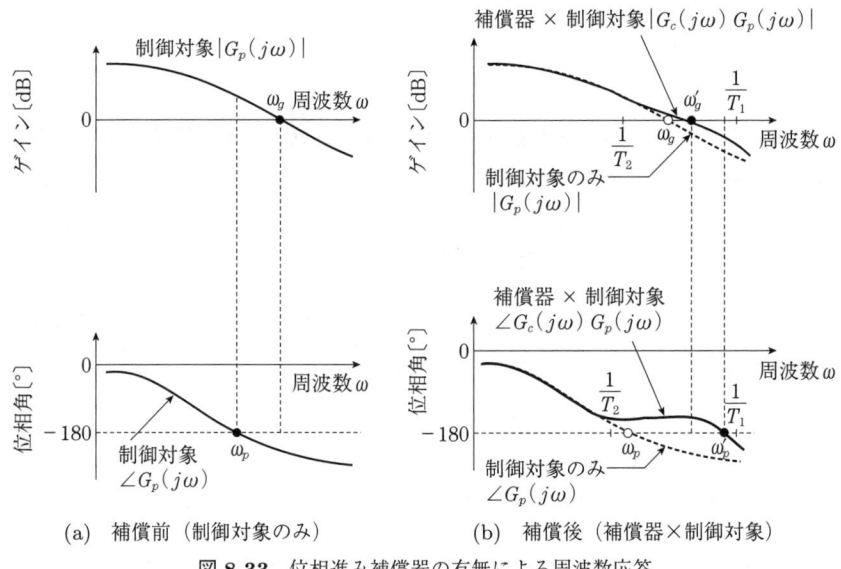

(a) 補償前（制御対象のみ）　　(b) 補償後（補償器×制御対象）

図 8.33 位相進み補償器の有無による周波数応答

図 8.33(a) は制御対象のみの周波数応答で，ゲイン交点周波数 ω_g と位相交点周波数 ω_p の関係が $\omega_g > \omega_p$ であるため，不安定である．図 8.33(b) は位相進み補償器を直列接続したフィードバック制御系の周波数応答である．ω_p の位相を進ませるように T_1 と T_2 を選ぶと，位相交点周波数が高周波域に移動して ω_p' になる．ここで，ω_p を $1/T_2 < \omega_p < 1/T_1$ の範囲内となるよう，T_1 と T_2 を選ぶ．すると，ゲイン交点周波数 ω_g が高くなり，ω_g' に移る．この結果，$\omega_g' < \omega_p'$ となり，制御系は安定し，かつ速い応答に改善できる．例題 8.7 では，速応性と安定性を改善する設計例を紹介する．

8.8 位相進み補償と位相遅れ補償

例題 8.7 サーボ系のフィードバック制御系における一巡伝達関数の周波数応答が図 **8.34** のように得られた。図より，ゲイン交点周波数は 3rad/s，位相余有は 39.8° であった。位相進み補償を直列接続し，ゲイン交点周波数を 10rad/s にして速応性を上げ，かつ位相余有を 45° に安定性を増したい。このときの位相進み補償器を求めよ。

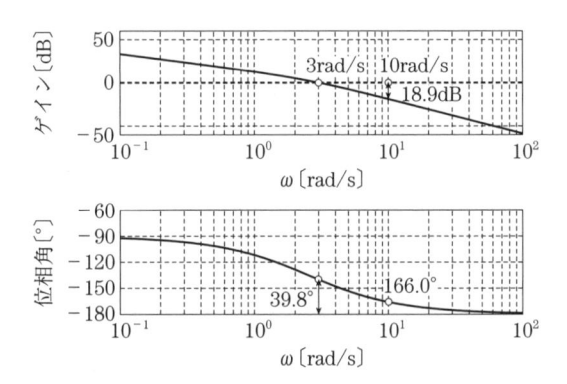

図 8.34 補償前の周波数応答

【解答】 位相進み補償器により $\omega = 10$ rad/s まで位相を進め，位相余有を 45° にしたい。$\omega = 10$ rad/s における補償前の位相差は 166.0° なので，位相の不足分は $45.0 - (180.0 - 166.0) = 31.0°$ である。そこで，$\omega_m = 10$ rad/s として式 (8.120) より

$$\sin 31.0° = \frac{1-\alpha}{1+\alpha} \tag{8.121}$$

$\alpha = 0.32$ が求まる。式 (8.118) より，位相進み補償器の定数 T は

$$T = \frac{1}{\sqrt{\alpha}\omega_m} \tag{8.122}$$

と変形でき，$T = 0.176\,7$ が求まる。これら α と T の値を式 (8.113) に代入すると

$$G_C = K \cdot 0.32 \cdot \frac{1+0.176\,7s}{1+0.32 \cdot 0.176\,7s} = K' \frac{1+0.176\,7s}{1+0.056\,5s} \tag{8.123}$$

となる。

つぎに，ゲイン K' を調整して，$\omega_m = 10$ rad/s でゲイン交点周波数となるように補償前のゲインを引き上げる．式 (8.123) より，不足しているゲイン $|G_\Delta|$ は

$$20 \log K' = |G_\Delta| - 20 \log \sqrt{\alpha} \tag{8.124}$$

より求めることができる．図 8.34 より，不足ゲインは $|G_\Delta| = 18.9$ dB であるので，式 (8.124) より，$K' = 15.573$ が求まる．したがって，位相進み補償器は

$$G_C = 15.573 \cdot \frac{1 + 0.176\,7s}{1 + 0.056\,5s} \tag{8.125}$$

である．

図 **8.35** に位相進み補償後の周波数応答を示す．実線は補償後，破線は補償前の周波数応答であるが，位相進み補償を行うことにより，ゲイン交点周波数が 10rad/s，位相余有が $45°$ に補償できていることがわかる．このことから，ゲイン交点周波数の増大が応答速度を上げ，位相余有の増大が安定性を増していることがわかる．

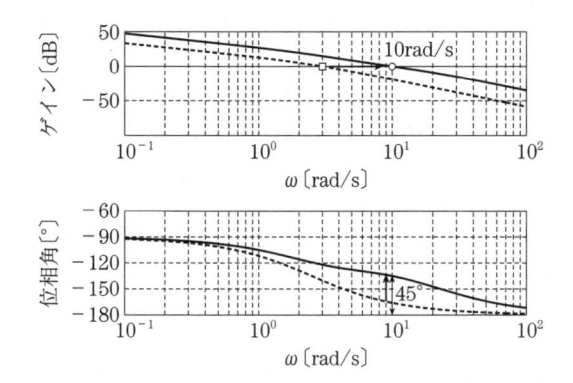

図 **8.35** 補償後の周波数応答（実線：補償後，破線：補償前）

◇

8.8.2 位相遅れ補償

位相遅れ補償器は，安定性や速応性を変えることなく，定常特性（定常偏差）を改善するために用いられる．その他に，不安定なシステムを安定化することにも用いられる．位相遅れ補償は高周波領域のゲインを低下させるが，低周波領域のゲインにはまったく影響を与えない．よって，高周波領域でゲインを低

下させても安定性は変化しないため，低周波領域で一巡伝達関数のゲインを大きくすることにより，定常偏差を小さくすることができる．

（1） 位相遅れ補償器の特性 位相遅れ補償器は

$$G_C = \frac{1+sT_2}{1+sT_1} \quad (T_2 < T_1) \tag{8.126}$$

で与えられる．図 **8.36** に位相遅れ補償器の周波数応答を示す．図 8.36(a) は，式 (8.126) の周波数応答であり，$1/T_1 \sim 1/T_2$ の周波数領域でゲインが 20dB/dec 下がるローパスフィルタの特性を持つ．また，位相角は同じ周波数領域で負になる．

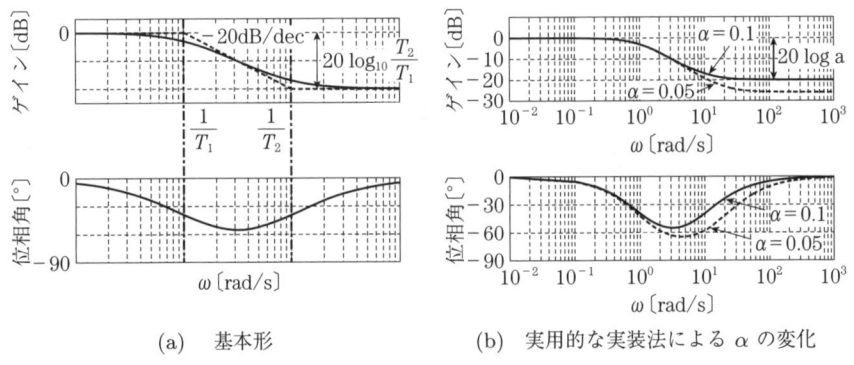

(a) 基本形　　　　(b) 実用的な実装法による α の変化

図 **8.36** 位相遅れ補償器の周波数応答

実用的には，式 (8.126) を

$$G_C = \frac{1+s\alpha T}{1+sT} \quad (0 < \alpha < 1) \tag{8.127}$$

として実装する場合が多い．ここで，高周波領域 $(\omega_h \gg 1/\alpha T)$ におけるゲイン g_h〔dB〕は

$$g_h = 20\log|G_C(j\omega_h)| = 20\log\frac{T_2}{T_1} = 20\log\alpha \tag{8.128}$$

下がる．位相角は

$$\angle G_C = \phi(\omega) = \angle(1+j\omega\alpha T) - \angle(1+j\omega T)$$
$$= \tan^{-1}\omega\alpha T - \tan^{-1}\omega T \tag{8.129}$$

となる。図 8.36(b) に α を変化させたときの周波数応答を示す。α の値により，低周波域のゲインを変更せずに高周波域でゲインを下げることができる。

位相遅れが最小値 ϕ_m となる周波数 ω_m は，折点周波数 $1/\alpha T(=1/T_2)$ と $1/T(=1/T_1)$ の中間であることから

$$\omega_m = \frac{1}{\sqrt{\alpha}T} \tag{8.130}$$

となる。式 (8.129) を式 (8.130) に代入し，逆三角関数の加法定理を用いて整理をすると，ϕ_m は

$$\tan \phi_m = \frac{\alpha - 1}{2\alpha} \tag{8.131}$$

となる。また，三角比の関係から式 (8.131) の表現を変えると

$$\sin \phi_m = \frac{\alpha - 1}{\alpha + 1} \tag{8.132}$$

となる。

（ 2 ） 位相遅れ補償器の効果　　位相遅れ補償器を制御対象に直列接続したフィードバック系の効果を考える。図 8.37 に位相遅れ補償器の設計手順を示す。

最初に，図 8.37(a) に示すように位相遅れ補償器を導入する。一般に，位相遅れ補償器の折点周波数 $1/T_2$ は，ω_g よりも 1dec 低い所に挿入する。すると，一巡伝達関数のゲインは $20\log\alpha$ だけ低くなる。このとき，ω_p は変わらないので，位相余有は変化しない。

つぎに，図 8.37(b) に示すように一巡伝達関数のゲインが高くなるよう，ゲイン調整を行う。このゲイン調整は，位相に影響を与えない。ゲイン調整は元々の ω_g と等しくなる（図 8.37(b) の点線が実線に移動）ようにする。

以上のように位相遅れ補償をすると，ゲイン交点周波数 ω_g と位相交点周波数 ω_p は変わらないので，安定性と速応性は変化しない。一巡伝達関数の低周波域のゲインのみ高くすることから，定常偏差のみを改善できる。

8.8 位相進み補償と位相遅れ補償　193

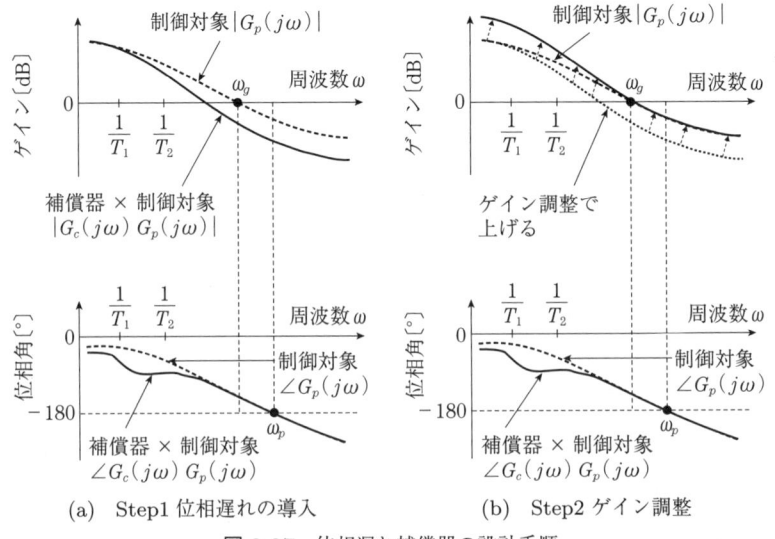

図 8.37 位相遅れ補償器の設計手順

(a) Step1 位相遅れの導入　　(b) Step2 ゲイン調整

例題 8.8 一巡伝達関数が

$$G_P(s) = \frac{K}{s(s+1)(s+4)} \tag{8.133}$$

で与えられるとき

(1) 単位ランプ入力に対する定常偏差を 0.1 以内にする。
(2) 位相余有を 35° 以上にする。

という設計仕様を満たす位相遅れ補償器を求めよ。

【解答】　単位ランプ入力に対する定常偏差は

$$\begin{aligned}
e(\infty) &= \lim_{s \to 0} sE(s) = \lim_{s \to 0} s \frac{1}{1 + G_P(s)} R(s) \\
&= \lim_{s \to 0} \frac{1}{s + \dfrac{K}{(s+1)(s+4)}} \\
&= \frac{4}{K}
\end{aligned} \tag{8.134}$$

であるから，仕様 (1) $e(\infty) \leqq 0.1$ を満たすゲインは，$K \geqq 40$ と求まる。

つぎに，$K = 40$ とおくときの一巡伝達関数の周波数応答 $G_P(j\omega)$ を求めると，図 **8.38**(a) となる。図より，ゲイン交点周波数 ω_g と位相交点周波数 ω_p の関係が $\omega_g > \omega_p$ なので，不安定である。

(a) 一巡伝達関数の周波数応答 $G_P(j\omega)$　　(b) 位相遅れ補償後の周波数応答

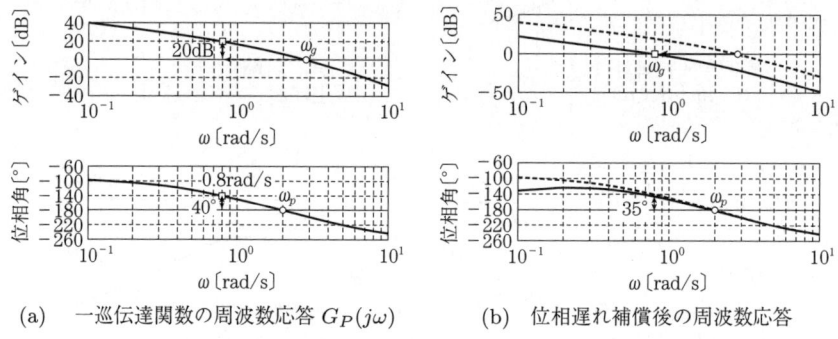

図 **8.38** 位相遅れ補償

そこで，位相遅れ補償器を挿入し，安定化を図る。仕様 (2) の位相余有を $35°$ 以上を満たすには，図 8.38(a) より，余有を持ってゲイン交点周波数 ω_g を $0.8\,\mathrm{rad/s}$ まで移動させればよい。周波数 $0.8\,\mathrm{rad/s}$ における $G_P(j\omega)$ のゲインは 20dB 下がるから，式 (8.128) より

$$20\log\alpha = -20\,[\mathrm{dB}] \tag{8.135}$$

となり，$\alpha = 0.1$ が求まる。位相遅れ補償器の折点周波数 $1/T_2$ は，位相交点周波数 ω_p に影響を与えないように $0.8\mathrm{rad/s}$ よりも 1dec 低くなるよう

$$\frac{1}{T_2} = \frac{0.8}{10} \tag{8.136}$$

と選ぶと，$T_2 = 12.5\,[\mathrm{s}]$ が求まる。さらに，α と T_2 より

$$T_1 = \frac{T_2}{\alpha} = \frac{12.5}{0.1} = 125\,[\mathrm{s}] \tag{8.137}$$

が求まる。したがって，位相遅れ補償器は

$$G_C(s) = \frac{1 + 12.5s}{1 + 125s} \tag{8.138}$$

となる。図 8.38(b) に位相遅れ補償後の周波数応答を示す。位相遅れ補償器により，位相余有が $35°$ となり，安定化が実現できた。

◇

8.9 スミス補償

いま，図 **8.39** に示すように，むだ時間 L を持つ制御対象 $P(s)e^{-Ls}$ を直結フィードバック接続したコントローラ $C(s)$ で制御することを考える。図 8.39 の一巡伝達関数 $G_{ol}(s)$ は

$$G_{ol}(s) = \frac{C(s)P(s)e^{-sL}}{1+C(s)P(s)e^{-Ls}} \tag{8.139}$$

となる。開ループ伝達関数 $C(s)P(s)$ が安定であるとき，図 8.39 のむだ時間を有する開ループ伝達関数 $C(s)P(s)e^{-Ls}$ のベクトル軌跡が，複素平面上の $(-1,0)$ の点を右側に見て通過すれば安定である。しかし，むだ時間要素 e^{-Ls} の位相遅れがあるため，図 **8.40** のように，開ループ伝達関数 $C(s)P(s)e^{-Ls}$ のベクトル軌跡は原点の周りを時計方向に無限回転する。

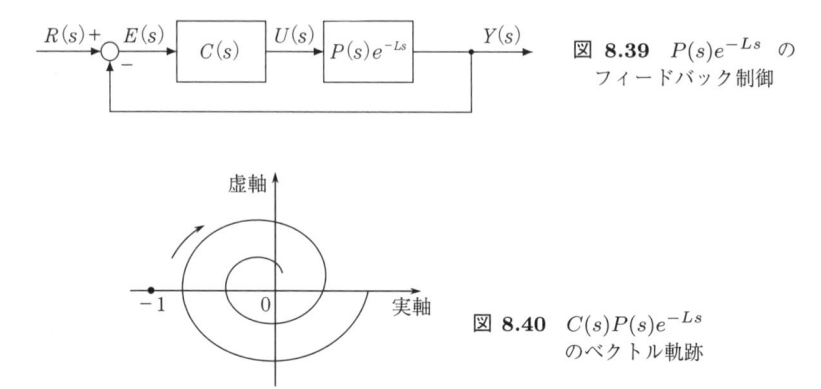

図 **8.39** $P(s)e^{-Ls}$ のフィードバック制御

図 **8.40** $C(s)P(s)e^{-Ls}$ のベクトル軌跡

むだ時間 L が大きいと，ベクトル軌跡が容易に $(-1,0)$ の左側を通過して不安定となるため，低周波領域から開ループ伝達関数のゲイン $|C(j\omega)P(j\omega)|$ を 1 より小さく抑え，安定性を確保する必要がある。しかし，その代償として，定常偏差が大きくなってしまう。

そこで，むだ時間を有する制御対象から予測モデルを用いてむだ時間を追い出し，むだ時間を有しない制御対象とみなして制御することができれば，安定性確

保のためにゲインを低くすることなく，フィードバック制御が行えるはずである．これを最初に実現したのが，**図 8.41** に示す**スミス補償** (Smith compensator) である．上側の点線で囲まれた $P(s)$ と e^{-Ls} は実際の制御対象，下側の $P_m(s)$ と $e^{-L_m s}$ は制御対象の予測モデルを表す．

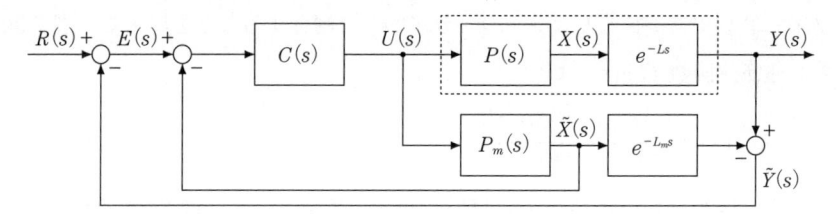

図 8.41 スミス補償

いま，実際の制御対象とその予測モデルが等しくなる理想的な状況，すなわち，$P(s) = P_m(s)$，$e^{-Ls} = e^{-L_m s}$ であるとすると，外側のループのフィードバック信号は $\tilde{Y}(s) = 0$ となり，むだ時間を有しない予測モデル $P_m(s)$ の出力 $\tilde{X}(s)$ のみを内側のループでフィードバックすることができる．すると，$R(s)$ から $Y(s)$ の閉ループ伝達関数 $G_{cl}(s)$ は

$$G_{cl}(s) = \frac{C(s)P(s)}{1 + C(s)P(s)} e^{-Ls} \tag{8.140}$$

で与えられるが，特性方程式は

$$1 + C(s)P(s) = 0 \tag{8.141}$$

となるので，むだ時間 L がないシステムとして安定性を考えることができる．ただし，実際の制御対象とその予測モデルが一致しない場合は，むだ時間の影響が出てくる．さらに，安定な制御対象でないとスミス補償は適用できないので，注意が必要である．

章 末 問 題

【1】 一巡伝達関数が

$$G(s) = \frac{K}{s(1+10s)} \tag{8.142}$$

で与えられ，位相進み補償器

$$G_c = \alpha \frac{1+sT}{1+s\alpha T} \quad (ただし, \alpha = 0.4, T = 2) \tag{8.143}$$

を挿入して，位相余有 30°とするゲイン定数 K を求めよ。

【2】 図 8.42 に示した制御器 $G_C(s)$ によるフィードバック補償が，PI 補償または位相遅れ要素を直列接続した場合と等価になることを示せ。

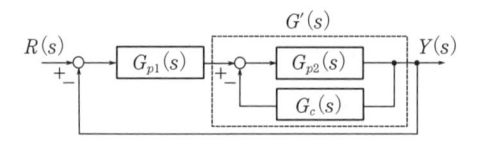

図 8.42 $G_C(s)$ によるフィードバック補償

【3】 図 8.43 の制御系において，k の閉ループ伝達関数に与える効果を調べよ。ただし $G_P(s) = \dfrac{K}{s(1+Ts)}$ とする。

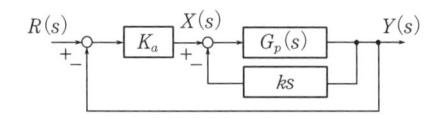

図 8.43 メカトロ制御に用いられるフィードバック補償

引用・参考文献

1) K. Åström and T. Hägglund: PID controllers theory, design and tuning, 2nd edition, Instrument Society of America (1995)
2) D.E. Seborg, T.F. Edgar and D.A. Mellichamp: Process Dynamics and Control, 2nd Edition, John Wiley & Sons (2003)
3) S. Skogestad and I. Postlethwaite: Multivariable Feedback Control Analysis and Design, 2nd Edition, John Wiley & Sons (2005)
4) M. Morari and E. Zafiriou: Robust Process Control, Prentice Hall (1997)
5) F.G. Shinskey: Process Control Systems, 4th edition, McGraw-Hill (1996)
6) G.E.P. Box, G.M. Jenkins, G.C. Reinsel: Time series analysis, 3rd edition, Prentice Hall (1994)
7) 明石 一，今井弘之：詳解 制御工学演習，共立出版 (1981)
8) 伊沢計介：自動制御入門，オーム社 (1967)
9) 市川邦彦：自動制御の理論と演習，産業図書 (1967)
10) 今井弘之，竹口知男，能勢和夫：やさしく学べる制御工学，森北出版 (2006)
11) 片山 徹：新版フィードバック制御の基礎，朝倉書店 (2002)
12) 川上 博：現象のモデリングとその数理：アナロジー，http://cms.db.tokushima-u.ac.jp/DAV/lecture/125260/LectureNote/Circuit/analogy.pdf (2009年10月現在)
13) 近藤文治，藤井克彦：大学課程 制御工学，オーム社 (1989)
14) 阪部俊也，飯田賢一：機械系教科書シリーズ 自動制御，コロナ社 (2007)
15) 下西二郎，奥平鎮正：電気・電子系教科書シリーズ 制御工学，コロナ社 (2001)
16) 杉江俊治，藤田政之：システム制御工学シリーズ フィードバック制御入門，コロナ社 (1999)
17) 須田信英 他：システム制御情報ライブラリー PID制御，朝倉書店 (1992)
18) 田中正吾，山口静馬，和田憲造，清水 光：制御工学の基礎，森北出版 (2001)
19) 電気学会：電気学会大学講座 自動制御理論 (1971)
20) 中野道雄，美多 勉：制御基礎理論 [古典から現代まで]，昭晃堂 (1982)
21) 中村嘉平，若山伊三雄：例題演習 自動制御入門，産業図書 (1994)

22) 西村正太郎, 北村新三, 武川　光, 松永公廣：制御工学, 森北出版 (2007)
23) 日本機械学会：JSME テキストシリーズ　制御工学, 丸善 (2002)
24) 樋口龍雄：自動制御理論, 森北出版 (2002)
25) 深海登世司, 藤巻忠雄：理工学講座　改訂　制御工学　上－フィードバック制御の基礎－, 東京電機大学出版局 (1995)
26) 堀　洋一, 大西公平：制御工学の基礎, 丸善 (1997)
27) 増渕正美：標準機械工学講座　自動制御基礎理論, コロナ社 (1977)
28) 水上憲夫：自動制御, 朝倉書店 (1970)
29) 宮崎道雄 他：電気学会 EEText　システム制御工学 I, オーム社 (2003)
30) 森　泰親：大学講義シリーズ　制御工学, コロナ社 (2001)
31) 山本重彦, 加藤尚武：PID 制御の基礎と応用 [第 2 版], 朝倉書店 (2005)
32) 吉川恒夫：古典制御理論, 昭晃堂 (2004)
33) 渡辺嘉二郎：現代電気電子情報工学講座　制御工学, サイエンスハウス (2004)
34) 渡部慶二：むだ時間システムの制御, 計測自動制御学会 (1993)
35) 松永信智, 濱根洋人, 田中雅人, 南野郁夫, 宮崎一善：汎用調節計の産業動向と新技術, 電気学会 (2009)

章末問題解答

1章

【1】 人間は恒温動物であるため，体温を約 36°C 前後に保つ必要がある。しかし，人間が暮らしている周辺環境の温度変化により，体温が高くなったり，低くなったりすると，体調を崩したり，生命の危機につながる。そのため，人間は夏になると薄着をして熱くなった体から不要な熱エネルギーを放熱し，冬になると厚着をして必要な熱エネルギーを蓄積するとともに，厚着で周辺環境の温度差による放熱を起こさないように断熱効果を得て，体温維持に努める。だから，人間は季節に相応しい衣類をまとうのである。

【2】 エレベータのシーケンス制御は，おおむね以下の手順で行われている。

1) 人間に乗車階で「上」または「下」行きボタンを押されるまで待機状態とし，モータ電源の通電監視や地震対応機能を並行して働かせる。
2) 「上」または「下」行きボタンが押された時，乗車階でエレベータの籠が停止していれば，すぐにフロアと籠の自動ドアを同時に開ける。そうでなければ，あらかじめ決められたルールで停車させる籠を乗車階に向かわせ，停止後，同様に自動ドアを開ける。
3) 籠の昇降で必要な重量制限を越えたら，重量制限内に収まるまで籠の中の人にその旨を知らせる警告を出し，籠は乗車階で停止状態を継続させる。
4) 籠が重量制限内であれば，一定時間経過後に自動ドアを閉める。自動ドアが閉まる際，挟み込みを検知したら，自動ドアを一旦開いて安全を確保する。
5) 籠の自動ドアが閉まるまでに籠内の行き先階ボタンが押されていれば，あらかじめ決められたルールで一定方向に籠の昇降を開始し，そうでなければ，あらかじめ決められたルールで籠を自動運転する。一定時間経過前に並行して籠内の「開」・「閉」ボタンが押されれば，あらかじめ決められたルールで自動ドアの開閉を行う。
6) 昇降を開始した籠は，一定方向の指示された停止階に安全を保ちながら，順次停止していく。昇降中，行き先階ボタンや緊急ボタン指定の受付と停止判断，並行して地震対応機能を働かせる。
7) 最後の指示された停止階に籠が移動した後，乗車階または籠内で逆方向へ

の停止指示があれば，その指示に向かって籠を移動させる。そうでなければ，あらかじめ決められたルールで籠を自動運転する。

実際のエレベータはかなり複雑なシーケンス制御で構成されており，複数籠の群管理や高層ビル用エレベータの加・減速の工夫，音声や映像による各種案内，バリアフリー対応など多種多様に及んでいる。

【3】券売機の切符が出てくる流れは，おおまかに表現すると**解図 1.1** のようになる。

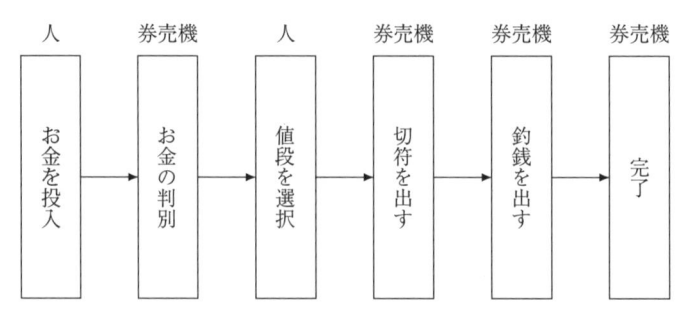

人　→　券売機　→　人　→　券売機　→　券売機　→　券売機

お金を投入　→　お金の判別　→　値段を選択　→　切符を出す　→　釣銭を出す　→　完了

解図 1.1　切符券売機の例

実際は，切符には片道乗車券の他に，他社線連絡，回数券，往復乗車券，有料列車の利用料金などの券種があり，値段ボタンを押す前にそれらのボタンを押す場合がある。その他，乗り越し清算，列車指定，座席指定，定期券発券，領収書発券などを行う兼用または専用機がある。また，最近では電子マネー（SuicaやPASMO等）へのチャージ機能を有するものがあり，それらを考慮した複雑な設計が必要になっている。

【4】暗い夜道は危険が伴うため，街灯を点灯させる必要がある。その街灯を点灯させる技術的な方法としては，おもにつぎの三つの方法がある。
(a)　周辺の明るさを検知する照度計が設定値より暗い場合に街灯を点灯させる。
(b)　季節ごとに平均的な日没時間をメモリし，タイマー設定により街灯を点灯させる。
(c)　管理する人間が暗いと判断し，手動で街灯を点灯させる。

【5】一般的に用いられている自動ドアは，おもにつぎの三つの方式でドアの開閉を行っている。
(a)　赤外線センサにより人間が近づいて来たことを感知し，モータが駆動して自動ドアが開閉される。
(b)　感圧センサによりマットに人間が乗ったことを感知し，モータが駆動して自動ドアが開閉される。

(c) ドアまたはドア付近の押しボタンスイッチを人間が押すと、モータが駆動して自動ドアが開閉される。

2章

【1】(1) $$\mathcal{L}\{f_a(t)\} = \mathcal{L}\{u(t-a)\} = e^{-sa}\mathcal{L}\{u(t)\} = \frac{1}{s}e^{-sa} \tag{1}$$

(2) $$\mathcal{L}\{f_b(t)\} = \mathcal{L}\{te^{-at}\} = F(s+a) = \frac{1}{(s+a)^2}$$

ただし $\mathcal{L} = F(s)$ \hfill (2)

(3) $$\mathcal{L}\{f_c(t)\} = \mathcal{L}\{\cos(\omega t + \phi)\} = \mathcal{L}\{\cos\omega t \cdot \cos\phi - \sin\omega t \cdot \sin\phi\}$$
$$= \cos\phi \mathcal{L}\{\cos\omega t\} - \sin\phi \mathcal{L}\{\sin\omega t\}$$
$$= \cos\phi \cdot \frac{s}{s^2 + \omega^2} - \sin\phi \frac{\omega}{s^2 + \omega^2}$$
$$= \frac{s\cos\phi - \omega\sin\phi}{s^2 + \omega^2} \tag{3}$$

(4) $F(s) = \mathcal{L}\{\sin\omega t\}$ とおくと

$$F(s) = \frac{\omega}{s^2 + \omega^2} \tag{4}$$

となる。したがって

$$\mathcal{L}\{f_d(t)\} = \mathcal{L}\{t\sin\omega t\} = -\frac{d}{ds}F(s) = -\frac{2\omega s}{(s^2 + \omega^2)^2} \tag{5}$$

となる。

【2】(1) $$F_A(s) = \frac{1}{s(s+a)} = \frac{1}{a}\left(\frac{1}{s} - \frac{1}{s+a}\right) \tag{6}$$

より

$$\mathcal{L}^{-1}\{F_A(s)\} = \mathcal{L}^{-1}\frac{1}{s(s+a)} = \frac{1}{a}\left\{u(t) - e^{-at}\right\} \tag{7}$$

となる。

(2) $\mathcal{L}\{t^n\} = n/s^{n+1}$, $\mathcal{L}\{e^{at} \cdot f(t)\} = F(s-a)$ より

$$\mathcal{L}^{-1}\{F_B(s)\} = \mathcal{L}^{-1}\left\{\frac{1}{(s-a)^n}\right\} = \frac{t^{n-1}}{(n-1)!}e^{at} \tag{8}$$

となる。

(3) $$F(s) = \frac{1}{s^2 - a^2} = \frac{1}{(s-a)(s+a)} = \frac{1}{2a}\left(\frac{1}{s-a} - \frac{1}{s+a}\right) \tag{9}$$

より

$$\mathcal{L}^{-1}\{F_C(s)\} = \mathcal{L}^{-1}\left\{\frac{1}{(s^2-a^2)^n}\right\} = \frac{1}{2a}\left(e^{at} - e^{-at}\right)$$

$$= \frac{1}{a} \sinh at \tag{10}$$

となる。

(4)
$$\frac{s+3}{s(s+1)(s+2)} = \frac{k_1}{s} + \frac{k_2}{s+1} + \frac{k_3}{s+2} \tag{11}$$

とおくと，ヘヴィサイドの展開定理から

$$k_1 = \left[s \cdot \frac{s+3}{s(s+1)(s+2)} \right]_{s=0} = \frac{3}{2} \tag{12}$$

$$k_2 = \left[(s+1) \cdot \frac{s+3}{s(s+1)(s+2)} \right]_{s=-1} = -2 \tag{13}$$

$$k_3 = \left[(s+2) \cdot \frac{s+3}{s(s+1)(s+2)} \right]_{s=-2} = \frac{1}{2} \tag{14}$$

となるので

$$\mathcal{L}^{-1}\{F_D(s)\} = \mathcal{L}^{-1}\left\{\frac{s+3}{s(s+1)(s+2)}\right\}$$

$$= \frac{3}{2}\mathcal{L}^{-1}\left\{\frac{1}{s}\right\} - 2\mathcal{L}^{-1}\left\{\frac{1}{s+1}\right\} + \frac{1}{2}\mathcal{L}^{-1}\left\{\frac{1}{s+2}\right\}$$

$$= \frac{3}{2} - 2e^{-t} + \frac{1}{2}e^{-2t} \tag{15}$$

【3】(1) $\mathcal{L}\{f(t)\}$

$$= \frac{1}{1-e^{-sT}} \left\{ \int_0^{\tau/2} \frac{2A}{T}\tau e^{-s\tau}d\tau + \int_{\tau/2}^T \frac{2A}{T}(T-\tau)e^{-s\tau}d\tau \right\}$$

$$= \frac{2A}{T(1-e^{-sT})}$$

$$\left\{ \left[-\frac{\tau e^{-s\tau}}{s} - \frac{e^{-s\tau}}{s^2} \right]_0^{\tau/2} + \left[-\frac{(T-\tau e^{-s\tau})}{s} + \frac{e^{-s\tau}}{s^2} \right]_{\tau/2}^T \right\}$$

$$= \frac{2A}{T(1-e^{-sT})} \cdot \frac{\left(1-e^{sT/2}\right)^2}{s^2}$$

$$= \frac{2A}{s^2 T} \cdot \frac{1-e^{-sT/2}}{1+e^{-sT/2}}$$

$$= \frac{2A}{s^2 T} \tanh \frac{sT}{4} \tag{16}$$

(2) $\mathcal{L}\{f(t)\} = \dfrac{1}{1-e^{-sT}} \displaystyle\int_0^T f(t)e^{-s\tau}d\tau$

$$= \frac{1}{1-e^{-sT}} \left\{ \int_0^{\tau/2} e^{-s\tau} \cdot A d\tau + \int_{\tau/2}^T e^{-s\tau} \cdot 0 \cdot d\tau \right\}$$

$$= \frac{A}{1-e^{-sT}} \left[\frac{e^{s\tau}}{-s}\right]_0^{T/2}$$
$$= \frac{A}{s} \cdot \frac{1}{1+e^{-sT/2}} \tag{17}$$

3章

【1】 V_i はステップ状に変化するから E/s で表される。R, C の部分に関してはつぎの式が成り立つ。

$$C\frac{dV_c}{dt} = \frac{V_i - V_c}{R} \tag{1}$$

式 (1) の右辺は抵抗 R を通ってコンデンサ C に流れ込む電流である。$s = d/dt$ とおいて整理をすると

$$(1 + CRs)V_c = V_i \tag{2}$$

したがって

$$\frac{V_c}{V_i} = \frac{1}{1 + CRs} \tag{3}$$

となり，1次遅れで表されることがわかる。$V_i = E/s$ であったから

$$V_c = \frac{E}{s(1 + CRs)} \tag{4}$$

である。CR が時定数になる。(4) を時間関数に変換すると

$$V_c = E\left(1 - e^{-t/CR}\right) \tag{5}$$

となる。

【2】 式 (3.46) において非線形な $\cos x$ を $x = \pi/3$ の近傍で線形化するため

$$x = \delta x + \frac{\pi}{3} \tag{6}$$

を用いる。ただし，δx は $x = \pi/3$ 近傍で微小変化するものとする。

式 (6) を式 (3.46) に代入すると

$$\frac{d^2\left(\delta x + \frac{\pi}{3}\right)}{dt^2} + 2\frac{d\left(\delta x + \frac{\pi}{3}\right)}{dt} + \cos\left(\delta x + \frac{\pi}{3}\right) = 0 \tag{7}$$

となる。1階および2階微分における定数項は無視できるので，式 (7) の第1項と第2項は

$$\frac{d^2\left(\delta x + \frac{\pi}{3}\right)}{dt^2} \simeq \frac{d^2 \delta x}{dt^2} \tag{8}$$

$$2\frac{d\left(\delta x + \frac{\pi}{3}\right)}{dt} \simeq 2\frac{d\delta x}{dt} \tag{9}$$

と書ける。関数 $f(x)$ を $x = x_0$ のまわりでテイラー展開すると

$$\begin{aligned}f(x)\\ = f(x_0) + \left.\frac{df}{dx}\right|_{x=x_0}\frac{(x-x_0)}{1!} + \left.\frac{d^2f}{dx^2}\right|_{x=x_0}\frac{(x-x_0)^2}{2!} + \cdots\end{aligned} \tag{10}$$

である。ここで, $f(x) = \cos(\delta x + \pi/3)$, $f(x_0) = f(\pi/3) = \cos(\pi/3)$, $(x - x_0) = \delta x$ とおけるので, 式 (7) の第 3 項を式 (10) の最初の 2 項で近似をすると

$$\cos\left(\delta + \frac{\pi}{3}\right) - \cos\frac{\pi}{3} = \left.\frac{d\cos x}{dx}\right|_{x=\pi/3}\delta x = -\sin\left(\frac{\pi}{3}\delta x\right) \tag{11}$$

となるので, 整理をすると

$$\cos\left(\delta + \frac{\pi}{3}\right) = \cos\frac{\pi}{3} - \sin\left(\frac{\pi}{3}\delta x\right) = \frac{1}{2} - \frac{\sqrt{3}}{2}\delta x \tag{12}$$

が求まる。式 (8), (9), (10) を (7) に代入すると

$$\frac{d^2\delta x}{dt^2} + 2\frac{d\delta x}{dt} - \frac{\sqrt{3}}{2}\delta x = \frac{1}{2} \tag{13}$$

という線形微分方程式が得られる。

【3】 電気系と磁気系のアナロジを**解表 3.1** に示す。

解表 3.1　電気系と磁気系のアナロジ

名称	記号	単位	名称	記号	単位
磁荷	M	W_b	電荷	q	C
磁束	ϕ	W_b	電束		
電流	I	A	電圧	V	V
磁位	U	AT	電位	V	V
起磁力	F	AT	起電力	E	
磁界	H	A/m	電界		V/m
磁束密度	B	T	電束密度		
磁気抵抗	R_m	1/H	電気抵抗	R	Ω
インダクタンス	L	H	静電容量	C	F
透磁率	μ_m	H/m	誘電率	μ_c	F/m

4章

【1】 図 4.14 より，解図 **4.1** のように等価なブロック線図を描いてみる。

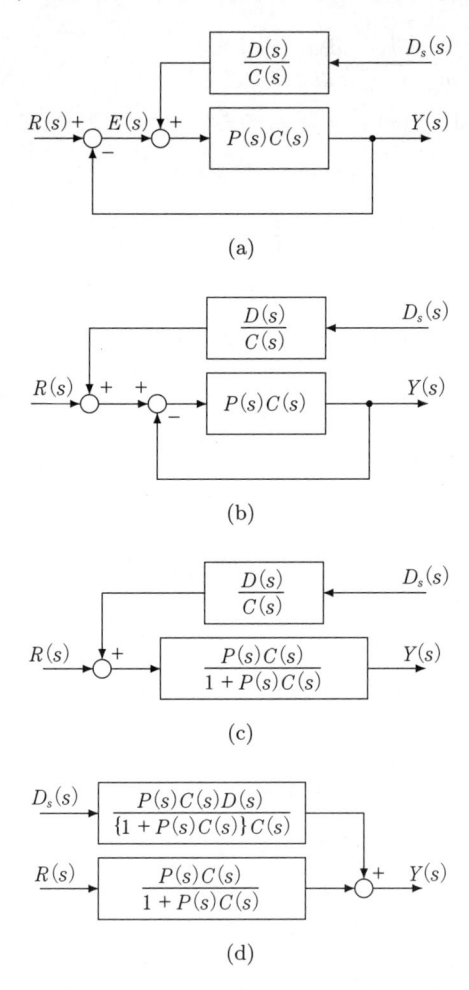

(a)

(b)

(c)

(d)

解図 4.1 図 4.14 と等価なブロック線図

解図 4.1 より

$$\frac{Y(s)}{D_s(s)} = \frac{P(s)C(s)D(s)}{\{1+P(s)C(s)\}C(s)} \tag{1}$$

となる。

【2】 FF 型の閉ループ伝達関数は次式で表すことができる。

$$G_{YR}(s) = \frac{\{C_1(s) + C_2(s)\}P(s)}{1 + C_1(s)P(s)} \tag{2}$$

$$G_{YN}(s) = \frac{C_1(s)P(s)}{1 + C_1(s)P(s)} \tag{3}$$

$$G_{YD}(s) = \frac{P(s)}{1 + C_1(s)P(s)} \tag{4}$$

解図 4.1(a)〜(e) において，(a)FF 型とその他の $G_{YR}(s)$ と $G_{YD}(s)$ が等しくなる変換公式は以下のとおりである。

< FF 型 ↔ ループ型 >
← $C_1(s) = C_3(s)C_4(s),\quad C_2(s) = C_3\{1 - C_4(s)\}$
→ $C_3(s) = C_1(s) + C_2(s),\quad C_4(s) = \dfrac{C_1(s)}{C_1(s) + C_2(s)}$

< FF 型 ↔ FB 型 >
← $C_1(s) = C_5(s) + C_6(s),\quad C_2(s) = -C_6(s)$
→ $C_5(s) = C_1(s) + C_2(s),\quad C_6(s) = -C_2(s)$

< FF 型 ↔ フィルタ型 >
← $C_1(s) = C_7(s),\quad C_2(s) = C_7(s)\{C_8(s) - 1\}$
→ $C_7(s) = C_1(s),\quad C_8(s) = 1 + \dfrac{C_2(s)}{C_1(s)}$

< FF 型 ↔ 一般型 >
← $C_1(s) = C_9(s),\quad C_2(s) = C_{10}(s) - C_9(s)$
→ $C_9(s) = C_1(s),\quad C_{10}(s) = C_1(s) + C_2(s)$

5 章

【1】 (1) $y(t) = 5(1 - e^{-2t})$ \hfill (1)

(2) $y(t) = \dfrac{1}{4} - \dfrac{1}{7}e^{-t/2} - \dfrac{3}{28}e^{-4t}$ \hfill (2)

(3) $y(t) = \dfrac{1}{2}t + \dfrac{3}{4}(1 - e^{-2t})$ \hfill (3)

(4) $y(t) = \dfrac{5}{2}(1 - 2te^{-2t} - e^{-2t})$ \hfill (4)

(5) $y(t) = K(1 - e^{-(t-L)/T})$ \hfill (5)

(6) $y(t) = K\left(1 + \dfrac{T_2 e^{-(t-L)/T_2} - T_1 e^{-(t-L)/T_1}}{T_1 - T_2}\right)\quad (T_1 \neq T_2)$ \hfill (6)

【2】 伝達関数を $G(s)$ とすると $g(t) = \mathcal{L}^{-1}G(s)$ より

$$G(s) = \frac{6}{(s+1)(s+6)} \tag{7}$$

となる。単位ステップ応答は

$$y(t) = \mathcal{L}^{-1}\left\{\frac{6}{(s+1)(s+6)}\frac{1}{s}\right\} = 1 - \frac{6}{5}e^{-t} + \frac{1}{5}e^{-6t} \tag{8}$$

であるから，求めた単位ステップ応答 $y(t)$ をインパルス応答 $g(t)$ と比較すると，$y(t)$ の微分が $g(t)$ であることが確認できる。

【3】(1) 閉ループ伝達関数は

$$\frac{Y(s)}{X(s)} = \frac{G(s)}{1+G(s)} = \frac{5}{s^2+5s+5} \tag{9}$$

となる。$2\zeta\omega_n = 5$, $\omega_n^2 = 5$ より，$\zeta \approx 1.12$ となる。

(2) 閉ループ伝達関数は

$$\frac{Y(s)}{X(s)} = \frac{G(s)}{1+G(s)} = \frac{5K}{s^2+5s+5K} \tag{10}$$

となる。$2\zeta\omega_n = 5$, $\omega_n^2 = 5K$ より，$K \approx 7.81$ となる。

【4】例題 5.6 より，$m = k/\omega_n^2$, $\rho = 2\zeta m\omega_n$ の関係を得る。$\zeta = \rho/2\sqrt{mk} < 1$ より，系が振動するためには $\rho < 2\sqrt{mk}$ の条件を満たさなくてはならない。

【5】代表根は最も虚軸に近い極であるので -1 である。しかし，$G(s)$ は $-100/90$ に零点を持つため，**ダイポール**（接近した極と零点）を作る。代表根の選定は -1 を外してつぎに大きい極 5 とする。代表根による近似モデルは

$$G_a = \frac{K}{s+5} \tag{11}$$

となる。直流ゲイン $G(0) = G_a(0)$ の関係より，$K = 5$ となる。$G(s)$ と G_a の単位ステップ応答は

$$\begin{aligned}y_g &= \mathcal{L}^{-1}\left\{\frac{90s+100}{(s+1)(s+5)(s+20)}\frac{1}{s}\right\} \\ &= 1 - \frac{5}{38}e^{-t} - \frac{7}{6}e^{-5t} + \frac{17}{57}e^{-20t}\end{aligned} \tag{12}$$

$$y_{ga} = \mathcal{L}^{-1}\left\{\frac{5}{s+5}\frac{1}{s}\right\} = 1 - e^{-5t} \tag{13}$$

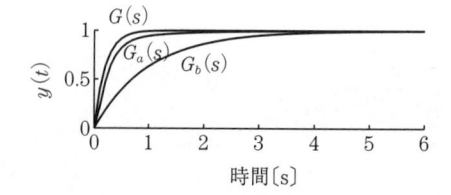

解図 **5.1** ステップ応答波形

となる。**解図 5.1** に単位ステップ応答を示す。代表根を -1 とした $G_b = 1/s+1$ の応答も示した。ダイポールを考慮した $G_a(s)$ の応答は $G(s)$ と近いが $G_b(s)$ の応答は離れている。よって，代表根は -5 を選べばよい。

6 章

【1】 (1) 伝達関数がつぎのように直列に結合されたものとして考える。

$$G(s) = G_1(s) \cdot G_2(s) \cdot G_3(s) \cdot G_4(s)$$
$$= 10 \cdot \frac{1}{s} \cdot \frac{1}{0.2s+1} \cdot \frac{1}{s+1} \tag{1}$$

周波数伝達関数 $G(j\omega)$ は

$$G(j\omega) = 10 \cdot \frac{1}{j\omega} \cdot \frac{1}{1+0.2j\omega} \cdot \frac{1}{1+j\omega} \tag{2}$$

となる。よって，振幅比と位相差は各要素の和で得られる。

$$\begin{aligned}
|G(j\omega)| &= 20\log 10 + 20\log\left|\frac{1}{j\omega}\right| + 20\log\left|\frac{1}{1+0.2j\omega}\right| \\
&\quad + 20\log\left|\frac{1}{1+j\omega}\right| \\
&= 20 - 20\log\omega - 20\log\sqrt{1+(0.2\omega)^2} - 20\log\sqrt{(1+\omega^2)} \\
\angle G(j\omega) &= \angle 10 + \angle\frac{1}{j\omega} + \angle\frac{1}{1+0.2j\omega} + \angle\frac{1}{1+j\omega} \\
&= 0° - 90° - \tan^{-1}(0.2\omega) - \tan^{-1}\omega \tag{3}
\end{aligned}$$

(2) 各要素を描き，線図上で各要素を加えると**解図 6.1** のボード線図が得られる。

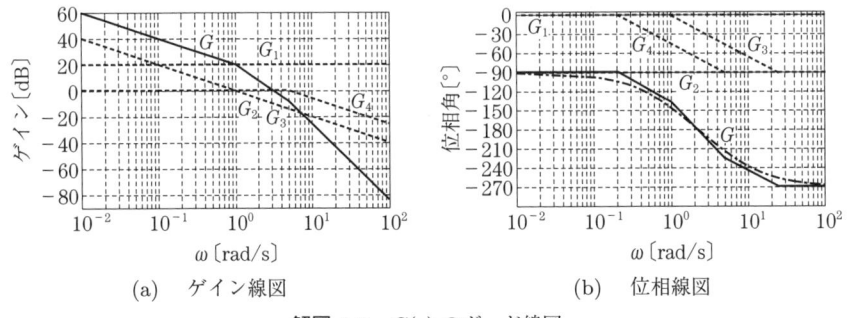

(a) ゲイン線図　　　　　　　　(b) 位相線図

解図 6.1 $G(s)$ のボード線図

【2】 (1) $G(s) = \dfrac{2}{s(2.5s+1)}$ (4)

(2) $G(s) = \dfrac{10}{(2s+1)(0.5s+1)}$ (5)

7章

【1】 式 (7.53) と (7.54) は，7.2.2項（2）のフルビッツ行列による安定判別の (1) と (2) の条件を満足している。

式 (7.53) より $a_0 = 1$, $a_1 = 20$, $a_2 = 9$, $a_3 = 100$ であり，(3) の条件であるフルビッツ主座小行列式は

$$\Delta = \begin{vmatrix} 20 & 100 \\ 1 & 9 \end{vmatrix} = 80 > 0 \tag{1}$$

となり，このシステムは安定である。

つぎに式 (7.54) より $a_0 = 1$, $a_1 = 20$, $a_2 = 9$, $a_3 = 200$ であり，(3) の条件であるフルビッツ主座小行列式は

$$\Delta = \begin{vmatrix} 20 & 200 \\ 1 & 9 \end{vmatrix} = -20 < 0 \tag{2}$$

となり，このシステムは不安定である。

【2】 式 (7.53) よりラウス表は**解表 7.1** となり，7.2.1項（2）のラウス表による安定判別の条件 (1)〜(3) をすべて満たすため，このシステムは安定である。

式 (7.54) よりラウス表は**解表 7.2** となり，ラウス表の第1列の符号の変化が2回あるため，このシステムは不安定であり，不安定根は2個存在する。

解表 7.1 式 (7.53) のラウス表

s^3	1	9	0
s^2	20	100	0
s^1	4	0	
s^0	1		

解表 7.2 式 (7.54) のラウス表

s^3	1	9	0
s^2	20	200	0
s^1	-1	0	
s^0	200		

【3】 (a) $\phi_m = 53°$, $\omega_g = 2.6$ 〔rad/s〕となり，安定である。ここで，$g_m = 15.1$ 〔db〕となる。

(b) $\phi_m = -9°$ となり，不安定である。

8章

【1】位相進み補償器を挿入すると一巡伝達関数は

$$G_c(s)G(s) = \frac{0.4K(1+2s)}{s(1+0.8s)(1+10s)} \tag{1}$$

となる。$\omega = 0.82 \text{rad/s}$ にて位相余有 $30°$ となる。これより，$20\log K = 18.5$ dB より，$K = 8.4$

【2】制御器 $G_C(s)$ を制御対象に直列接続せずにフィードバック補償として挿入することで，$G'(s)$ の特性改善を行う。

$$G'(s) = \frac{G_{P2}(s)}{1 + G_{P2}G_C(s)} \tag{2}$$

であり，$|G_{P2}(j\omega)G_C(j\omega)| \gg 1$ とすれば

$$G'(s) \approx \frac{1}{G_c(s)} \tag{3}$$

となる。例えば制御器を

$$G_C(s) = \frac{Ts}{Ts+1} \tag{4}$$

とすれば

$$G'(s) \approx \frac{1}{G_C(s)} = 1 + \frac{1}{Ts} \tag{5}$$

となり，PI補償器または位相遅れ補償器を直列接続した場合と等価となる。

【3】$X(s)$ から $Y(s)$ までの伝達関数は

$$G(s) = \frac{\dfrac{K}{s(1+Ts)}}{1 + \dfrac{Kks}{s(1+Ts)}} = \frac{\dfrac{K}{1+Kk}}{s\left(1 + \dfrac{T}{1+Kk}s\right)} \tag{6}$$

ここで

$$K' = \frac{K}{1+Kk}, \quad T' = \frac{T}{1+Kk} \tag{7}$$

とおく。フィードバック ks は，フィードバック補償がない場合の伝達関数を変えることなく，時定数を $1/(1+Kk)$ に減少させる役割を持つ。閉ループ伝達関数は

$$G_{cl} = \frac{\dfrac{K_aK'}{T'}}{s^2 + \dfrac{1}{T'}s + \dfrac{K_aK'}{T'}} = \frac{\dfrac{K_aK}{T}}{s^2 + \dfrac{1}{T'}s + \dfrac{K_aK}{T}} \tag{8}$$

となる。一方，フィードバック補償がない場合の閉ループ伝達関数 $(k=0)$ は

$$G_{cl_0} = \frac{\dfrac{K_a K}{T}}{s^2 + \dfrac{1}{T}s + \dfrac{K_a K}{T}} \tag{9}$$

となるから，k は固有振動数 $\omega_n (= \sqrt{K_a K / T})$ に関係しない。$T' < T$ の関係より k は減衰係数 ζ を増加させる。以上から，k は速応性を変化させることなく安定性を改善する効果を有している。

索引

【あ】
アクチュエータ 140
アナログ 44
アンチワインドアップ 175
安定 116
安定限界 117
安定度 126
安定理論 3

【い】
位相遅れ補償 185
位相角 99
位相交点周波数 131
位相進み補償 185
位相余有 131, 132
1形の制御系 148
1次遅れ要素 41
一巡伝達関数 55
位置定常偏差 145
インディシャル応答 73
インパルス応答 28

【え】
S字カーブ 83

【お】
応答 68
オフセット 146

【か】
回転角速度 16
外乱 56
開ループ伝達関数 55
重ね合わせの原理 34

過制動 85
加速度定常偏差 146
過渡状態 68
ガバナ 1
加法的 160
感度関数 143

【き】
共振周波数 110, 152
極 44
極配置法 183
極・零点消去 133
虚数部 98

【く】
加え合わせ点 50

【け】
ゲイン交点周波数 131
ゲイン定数 41
ゲイン余有 131, 132
限界感度 181
限界感度法 180
限界周期 181
検出部 140
減衰係数 41
減衰固有振動数 87
減衰比 88

【こ】
固有角周波数 42
コントローラ 54, 140

【さ】
サーボ系 158

最終値定理 24

【し】
CHRの調整則 179
Ziegler and Nicholsの
　ステップ応答法 180
シーケンス制御 6
システム同定 33
持続振動 84
実数部 98
時定数 41
支配的な極 153
時不変システム 34
時変システム 34
遮断周波数 106
周波数応答 96
周波数伝達関数 99
手動制御 7
初期値定理 24
信号線 51
振動系 42
振幅比 98

【す】
ステップ応答 28
ステップ応答法 178
スミス補償 196

【せ】
正規化 76
正規系 44
制御器 54, 140
制御対象 54
制御対象の入力制限 174
制御偏差 54

制御量	54	伝達関数	30, 38	微分要素	40
制御理論	3	伝達要素	50	比例ゲイン	40, 55, 162
静的システム	33			比例制御	2
積分時間	40, 55, 162	【と】		比例帯	171
積分要素	40	動作点	35	比例要素	40
設計仕様	136	動作点近傍	35		
折点周波数	106	動的システム	33	【ふ】	
0形の制御系	148	動的な特性	68	不安定	116
零　点	44	特性根	25, 59	フィードバック制御	2, 6
線　形	12	特性方程式	25, 59, 117	フィードバック	
線形化	35	トレードオフ	144	制御系	53, 140
線形システム	34			フィードバック接続	53
線形微分方程式	12	【な】		フィードバック接続型	142
		ナイキスト線図	103, 128	フィードフォワード制御	7
【そ】		ナイキストの安定判別法	128	フーリエ逆変換	20
操作量	54	内部モデル原理	148	フーリエ積分	20
双対回路	48			フーリエ変換	20
双対性	47	【に】		不完全微分	167
相補感度関数	143	2形の制御系	148	不足制動	84
速度定常偏差	146	2次遅れ要素	41	プラント	141
				フルビッツ行列	123
【た】		【の】		フルビッツの安定判別法	123
帯域幅	152	ノミナル値	160	プロセス制御	47
代表根	153			ブロック線図	50
ダイポール	208	【は】			
畳込み積分	29	バンド幅	152	【へ】	
単位インパルス関数	18	バンプレス切換	170	平衡点	35
単位ステップ関数	18			閉ループ制御系	140
単振動	84	【ひ】		閉ループ伝達関数	55, 143
		PI 制御	163	並列接続	53
【ち】		PID 制御	3, 165, 166	ベクトル軌跡	103
チューニング	177	ピークゲイン	152	偏差の時間重み付き積分	151
直流ゲイン	79	ピーク値	110	偏差の時間重み付き絶対	
直列接続	53	P 制御	161	積分	151
直列接続型	142	PD 制御	165	偏差の2乗積分	150
直列＋フィードバック		引き出し点	51	偏差の積分	151
接続型	142	非減衰固有角周波数	42	偏差の絶対積分	150
直結フィードバック	53	非最小位相系	114		
		非振動系	42	【ほ】	
【て】		微分キック	166	飽　和	163
定位性プロセス	178	微分ゲイン	167	ボード線図	103
定常状態	68	微分時間	40, 55, 164		
定置制御系	158	微分先行型 PID 制御	167		

【ま】

マイクロコントローラ　3

【む】

むだ時間　43
むだ時間要素　43
無定位性プロセス　178

【も】

目標値　54

目標値重み　168
モデルベースド設計　159

【ら】

ラウスの安定判別法　121
ラプラス逆変換　22
ラプラス変換　22

【り】

リセット時間　162
リセット率　40, 162

臨界制動　85

【ろ】

ロバスト性　159

【わ】

ワインドアップ現象　175

―― 著者略歴 ――

横山　修一（よこやま　しゅういち）

1968 年	工学院大学工学部電気工学科卒業
1970 年	工学院大学大学院工学研究科修士課程修了(電気工学専攻)
1970 年	工学院大学助手
1983 年	工学博士(工学院大学)
1986 年	工学院大学助教授
1993 年	工学院大学教授
2011 年	日本ロボット学会フェロー
2012 年	工学院大学名誉教授
2013 年	社会人キャリア力推進協会理事長

この間，以下を併任
2001 年	タマティーエルオー株式会社取締役（現在は，顧問，技術評価委員）
2004 年～2013 年	社団法人首都圏産業活性化協会理事
2007 年～2012 年	日本インターンシップ推進協会会長（現在は，顧問）

小野垣　仁（おのがき　ひとし）

1991 年	工学院大学工学部電気工学科卒業
1993 年	工学院大学大学院工学研究科修士課程修了(電気工学専攻)
1993 年	学校法人工学院大学に入職し，情報システムセンターに配属
2002 年	工学院大学大学院工学研究科博士後期課程(社会人)満期退学(電気・電子工学専攻)
2003 年	博士(工学)(工学院大学)
2013 年	工学院大学情報システム部課長

現在に至る

濱根　洋人（はまね　ひろと）

1997 年	工学院大学工学部電気工学科卒業
1999 年	工学院大学大学院工学研究科修士課程修了(電気工学専攻)
2000 年	日本学術振興会特別研究員
2001 年	工学院大学大学院工学研究科博士後期課程修了(電気工学専攻) 博士(工学)
2001 年	カリフォルニア大学サンタバーバラ校客員研究員
2002 年	群馬大学非常勤講師
2003 年	青山学院大学助手
2007 年	工学院大学講師
2009 年	工学院大学准教授
2018 年	工学院大学教授

現在に至る

基礎と実践 制御工学入門
Practical Control Theory　　　　　　　　Ⓒ Yokoyama, Hamane, Onogaki 2009

2009 年 11 月 16 日　初版第 1 刷発行
2021 年 2 月 15 日　初版第 12 刷発行

検印省略	著　者	横　山　修　一
		濱　根　洋　人
		小　野　垣　　仁
	発行者	株式会社　コロナ社
		代表者　牛来真也
	印刷所	三美印刷株式会社
	製本所	有限会社　愛千製本所

112-0011　東京都文京区千石 4-46-10
発　行　所　株式会社　コロナ社
CORONA PUBLISHING CO., LTD.
Tokyo Japan
振替 00140-8-14844・電話 (03) 3941-3131(代)
ホームページ　https://www.coronasha.co.jp

ISBN 978-4-339-03199-7　C3053　Printed in Japan　　　　　（花井）

JCOPY　〈出版者著作権管理機構 委託出版物〉
本書の無断複製は著作権法上での例外を除き禁じられています。複製される場合は、そのつど事前に、出版者著作権管理機構（電話 03-5244-5088, FAX 03-5244-5089, e-mail: info@jcopy.or.jp）の許諾を得てください。

本書のコピー、スキャン、デジタル化等の無断複製・転載は著作権法上での例外を除き禁じられています。購入者以外の第三者による本書の電子データ化及び電子書籍化は、いかなる場合も認めていません。
落丁・乱丁はお取替えいたします。

電気・電子系教科書シリーズ

(各巻A5判)

- ■編集委員長　高橋　寛
- ■幹　　　事　湯田幸八
- ■編集委員　　江間　敏・竹下鉄夫・多田泰芳
- 　　　　　　　中澤達夫・西山明彦

配本順		書名	著者	頁	本体
1.	(16回)	電気基礎	柴田尚志・皆藤新芳・田中泰志 共著	252	3000円
2.	(14回)	電磁気学	多田泰芳・柴田尚志 共著	304	3600円
3.	(21回)	電気回路Ⅰ	柴田尚志 著	248	3000円
4.	(3回)	電気回路Ⅱ	遠藤　勲・鈴木靖・吉澤昌純・福木雄・吉村巳之彦 共著編	208	2600円
5.	(29回)	電気・電子計測工学(改訂版)―新SI対応―	吉澤昌純・降矢典恵・福村拓也・高山和明・西平二郎 共著	222	2800円
6.	(8回)	制御工学	下西　鎮 共著	216	2600円
7.	(18回)	ディジタル制御	青木立・西堀俊幸 共著	202	2500円
8.	(25回)	ロボット工学	白水俊次 著	240	3000円
9.	(1回)	電子工学基礎	中澤達夫・藤原勝幸 共著	174	2200円
10.	(6回)	半導体工学	渡辺英夫 著	160	2000円
11.	(15回)	電気・電子材料	中澤・押田・服部 共著	208	2500円
12.	(13回)	電子回路	森田健二 共著	238	2800円
13.	(2回)	ディジタル回路	伊原充博・若海弘夫・吉室達博 共著	240	2800円
14.	(11回)	情報リテラシー入門	山賀 共著	176	2200円
15.	(19回)	C++プログラミング入門	湯田幸八 著	256	2800円
16.	(22回)	マイクロコンピュータ制御プログラミング入門	柚賀正光・千代谷慶 共著	244	3000円
17.	(17回)	計算機システム(改訂版)	春日健・舘泉雄治・泉田八博 共著	240	2800円
18.	(10回)	アルゴリズムとデータ構造	湯田・伊原・田原勉弘 共著	252	3000円
19.	(7回)	電気機器工学	前田・新谷・江間敏 共著	222	2700円
20.	(9回)	パワーエレクトロニクス	高橋勲 共著	202	2500円
21.	(28回)	電力工学(改訂版)	江間敏・甲斐隆章 共著	296	3000円
22.	(5回)	情報理論	三木成彦・吉川英機 共著	216	2600円
23.	(26回)	通信工学	竹下鉄夫・吉川英機 共著	198	2500円
24.	(24回)	電波工学	松田豊稔・宮田克正・南部幸久 共著	238	2800円
25.	(23回)	情報通信システム(改訂版)	岡田裕史・桑原孝夫・植月唯夫 共著	206	2500円
26.	(20回)	高電圧工学	植原 共著	216	2800円

定価は本体価格+税です。
定価は変更されることがありますのでご了承下さい。

◆図書目録進呈◆

機械系教科書シリーズ

(各巻A5判,欠番は品切です)

■編集委員長　木本恭司
■幹　　　事　平井三友
■編集委員　　青木　繁・阪部俊也・丸茂榮佑

配本順		書名	著者	頁	本体
1.	(12回)	機械工学概論	木本恭司 編著	236	2800円
2.	(1回)	機械系の電気工学	深野あづさ 著	188	2400円
3.	(20回)	機械工作法(増補)	平井三友・和田任弘・塚本晃久 共著	208	2500円
4.	(3回)	機械設計法	三朝比山・奈田口・田川井・純孝健・奎一春・義二志誠斎己 共著	264	3400円
5.	(4回)	システム工学	古荒吉浜・井村・克徳 共著	216	2700円
6.	(5回)	材料学	久保井原・樫恵洋蔵 共著	218	2600円
7.	(6回)	問題解決のための Cプログラミング	佐中藤村 次理男一郎 共著	218	2600円
8.	(32回)	計測工学(改訂版) —新SI対応—	前木押・田村田・良一至・昭郎啓 共著	220	2700円
9.	(8回)	機械系の工業英語	牧生野水雅州秀之 共著	210	2500円
10.	(10回)	機械系の電子回路	高阪橋部晴俊雄也 共著	184	2300円
11.	(9回)	工業熱力学	丸木本茂榮恭佑司 共著	254	3000円
12.	(11回)	数値計算法	藪伊藤忠司惇 共著	170	2200円
13.	(13回)	熱エネルギー・環境保全の工学	井木山田崎民恭友司紀男雄彦 共著	240	2900円
15.	(15回)	流体の力学	坂坂本口光紘雅剛 共著	208	2500円
16.	(16回)	精密加工学	田明石村靖二夫誠 共著	200	2400円
17.	(30回)	工業力学(改訂版)	吉来内山 共著	240	2800円
18.	(31回)	機械力学(増補)	青木繁 著	204	2400円
19.	(29回)	材料力学(改訂版)	中島正貴 著	216	2700円
20.	(21回)	熱機関工学	越老吉・智固本・敏潔俊隆・明一光也一 共著	206	2600円
21.	(22回)	自動制御	阪飯部田俊賢弘一 共著	176	2300円
22.	(23回)	ロボット工学	早樸川野恭松順洋弘明彦 共著	208	2600円
23.	(24回)	機構学	重大矢高敏 一男 共著	202	2600円
24.	(25回)	流体機械工学	小池勝 著	172	2300円
25.	(26回)	伝熱工学	丸矢牧・茂尾野・榮匡州・佑永秀 共著	232	3000円
26.	(27回)	材料強度学	境田彰芳 編著	200	2600円
27.	(28回)	生産工学 —ものづくりマネジメント工学—	本位田皆川光健重多郎 共著	176	2300円
28.		CAD/CAM	望月達也 著		近刊

定価は本体価格+税です。
定価は変更されることがありますのでご了承下さい。

◆図書目録進呈◆

ロボティクスシリーズ

(各巻A5判，欠番は品切です)

- ■編集委員長　有本　卓
- ■幹　　　事　川村貞夫
- ■編集委員　　石井　明・手嶋教之・渡部　透

配本順				頁	本体
1. (5回)	ロボティクス概論	有本	卓編著	176	2300円
2. (13回)	電気電子回路 ―アナログ・ディジタル回路―	杉田　山中　小西	進彦　克　聡共著	192	2400円
3. (17回)	メカトロニクス計測の基礎 (改訂版) ―新SI対応―	石井　木股　金子	明　雅章　透共著	160	2200円
4. (6回)	信号処理論	牧川	方昭著	142	1900円
5. (11回)	応用センサ工学	川村	貞夫編著	150	2000円
6. (4回)	知能科学 ―ロボットの"知"と"巧みさ"―	有本	卓著	200	2500円
7.	モデリングと制御	平井　坪内　秋下	慎孝　一貞　司夫共著	近刊	
8. (14回)	ロボット機構学	永井　土橋	清宏規共著	140	1900円
9.	ロボット制御システム	玄	相昊編著		
10. (15回)	ロボットと解析力学	有本　田原	卓　健二共著	204	2700円
11. (1回)	オートメーション工学	渡部	透著	184	2300円
12. (9回)	基礎福祉工学	手嶋　米本　相川　相良　糟谷	教之　清　訓　朗　紀共著	176	2300円
13. (3回)	制御用アクチュエータの基礎	川野　村田　所早　方松　川浦	貞　誠　夫　論　恭　弘　正　裕共著	144	1900円
15. (7回)	マシンビジョン	石井　斉藤	明　文彦共著	160	2000円
16. (10回)	感覚生理工学	飯田	健夫著	158	2400円
17. (8回)	運動のバイオメカニクス ―運動メカニズムのハードウェアとソフトウェア―	牧川　吉田	方　正昭　樹共著	206	2700円
18. (16回)	身体運動とロボティクス	川村	貞夫編著	144	2200円

定価は本体価格+税です。
定価は変更されることがありますのでご了承下さい。

図書目録進呈◆

計測・制御テクノロジーシリーズ

(各巻A5判，欠番は品切または未発行です)

■計測自動制御学会 編

	配本順		著者	頁	本体
1.	(18回)	計測技術の基礎（改訂版）―新SI対応―	山崎弘郎・田中充 共著	250	3600円
2.	(8回)	センシングのための情報と数理	出口光一郎・本多敏 共著	172	2400円
3.	(11回)	センサの基本と実用回路	中沢信明・松井利仁・山田一功 共著	192	2800円
4.	(17回)	計測のための統計	寺本顕武・椿広計 共著	288	3900円
5.	(5回)	産業応用計測技術	黒森健一他著	216	2900円
6.	(16回)	量子力学的手法によるシステムと制御	伊丹・松井・乾・全 共著	256	3400円
7.	(13回)	フィードバック制御	荒木光彦・細江繁幸 共著	200	2800円
9.	(15回)	システム同定	和田・奥田中・大松 共著	264	3600円
11.	(4回)	プロセス制御	高津春雄編著	232	3200円
13.	(6回)	ビークル	金井喜美雄他著	230	3200円
15.	(7回)	信号処理入門	小畑秀文・浜田望・田村安孝 共著	250	3400円
16.	(12回)	知識基盤社会のための人工知能入門	國藤進・中田豊久・羽山徹彩 共著	238	3000円
17.	(2回)	システム工学	中森義輝 著	238	3200円
19.	(3回)	システム制御のための数学	田村捷利・武藤康彦・笹川徹史 共著	220	3000円
20.	(10回)	情報数学―組合せと整数およびアルゴリズム解析の数学―	浅野孝夫 著	252	3300円
21.	(14回)	生体システム工学の基礎	福岡豊・内山孝憲・野村泰伸 共著	252	3200円

定価は本体価格+税です。
定価は変更されることがありますのでご了承下さい。

図書目録進呈◆

システム制御工学シリーズ

(各巻A5判，欠番は品切です)

■編集委員長　池田雅夫
■編集委員　足立修一・梶原宏之・杉江俊治・藤田政之

配本順			頁	本体
2.（1回）	信号とダイナミカルシステム	足立修一著	216	2800円
3.（3回）	フィードバック制御入門	杉江俊治・藤田政之共著	236	3000円
4.（6回）	線形システム制御入門	梶原宏之著	200	2500円
6.（17回）	システム制御工学演習	杉江俊治・梶原宏之共著	272	3400円
7.（7回）	システム制御のための数学（1）──線形代数編──	太田快人著	266	3200円
8.（23回）	システム制御のための数学（2）──関数解析編──	太田快人著	288	3900円
9.（12回）	多変数システム制御	池田雅夫・藤崎泰正共著	188	2400円
10.（22回）	適応制御	宮里義彦著	248	3400円
11.（21回）	実践ロバスト制御	平田光男著	228	3100円
12.（8回）	システム制御のための安定論	井村順一著	250	3200円
13.（5回）	スペースクラフトの制御	木田隆著	192	2400円
14.（9回）	プロセス制御システム	大嶋正裕著	206	2600円
15.（10回）	状態推定の理論	内田健康・山中一雄共著	176	2200円
16.（11回）	むだ時間・分布定数系の制御	阿部直人・児島晃共著	204	2600円
17.（13回）	システム動力学と振動制御	野波健蔵著	208	2800円
18.（14回）	非線形最適制御入門	大塚敏之著	232	3000円
19.（15回）	線形システム解析	汐月哲夫著	240	3000円
20.（16回）	ハイブリッドシステムの制御	井村順一・東俊一・増淵泉共著	238	3000円
21.（18回）	システム制御のための最適化理論	延山英沢昇共著	272	3400円
22.（19回）	マルチエージェントシステムの制御	東永原俊正章編著	232	3000円
23.（20回）	行列不等式アプローチによる制御系設計	小原敦美著	264	3500円

定価は本体価格＋税です。
定価は変更されることがありますのでご了承下さい。

図書目録進呈◆